JN153565

火の科学

エネルギー・神・鉄から錬金術まで

西野順也 著

築地書館

序章

蠟燭（ろうそく）の火を見ていると不思議と心が和らいで穏やかな気持ちになる。キャンプファイヤーなどで火を囲んでいると見知らぬ人にも親近感を覚え一体感が生まれる。このような火に対する感覚は、人類が火を獲得してから数十万年という時を重ねる中で私たちの身体の奥底に刻まれたものかもしれない。

人類が住み慣れた森を追われ洞窟生活を始めたのはおよそ三〇〇万年前といわれている。それまで祖先は樹上生活をし、雑食だが果実を主食としていた。しかし、ほかの霊長類の進出で次第に森を追われ、草原で木の実や草の実を採集する生活を余儀なくされた。安全な木の上の生活と主食の果実を失った祖先の生活は非常に厳しかったと想像される。地上での生活は肉食獣の襲撃を受けやすい。真っ暗な夜は洞窟の中で肉食獣の襲撃におびえながら暮らしていたことだろう。初めて火を焚（た）いたときの感激はどれほどだっただろう。炎は明るく周囲を照らし、忍び寄る野獣の姿をはっきりと映し出す。火の周りは暖かく身体を温めてくれる。火は私たちの祖先に生きる希望をもたらしたことだろう。

一方、火はすべてのものを焼き払う凶暴さも持っている。狩猟採集生活をする私たちの祖先は山火事に言い知れぬ恐れを抱いたに違いない。しかし、山火事がおさまったあとには思いもよらない恩恵をもたらしてくれた。焼け跡を探索すると、ほどよく焼けた、いつも採集している木の実や草の実を見つけただろうし、逃げ遅れた森の小動物の死骸を目にしたことだろう。焼けた木の実、草の実や肉は生で食べるよりよほどおいしいことに気づいたはずである。また、山火事のあとは草原になり、イネ科の植物がよく生育する。草食の動物はイネ科の植物を好んで食べるので焼け跡には草食動物が集まってくる。祖先は集まってくる動物を狙って狩りをしたに違いない。

このような山火事がもたらす恩恵を知りながらも、祖先が火を手にするまでには洞窟生活を始めてから一〇〇万年以上の時間がかかっている。山火事がおいしい食糧を提供してくれることはほかの動物も知っていた。ハヤブサやトビなどの猛禽類は火事の間、逃げようと飛び回る昆虫や小鳥たちを狙って上空で待ち伏せているし、火がおさまればシカやウシなどの草食動物は塩分を含んだ灰をなめようと集まってくる。肉食獣もこれらの動物や焼死した動物の肉を目当てに集まってくる。しかし、火を手にしたのは人類だけである。人類と他の動物の進化を分けたのはなんだったのだろう。

火を手にしても、それを燃やし続けるには、燃料となる木を集めて保存しておくという、将来の火のための迂回的行動が必要になるし、雨や風で火が消えないように、また周りに飛び火しないように、慎重に、用心深く管理しなければならない。一人が昼夜つきっきりで火の番をするわけにはいかないので、火の番をする者、燃料となる木を集める者、食糧を採集する者と集団の中で分担して仕事をすることが必要になる。火が利用されるようになると、火を扱う技術的な進歩だけでなく、物事の認知、判断、予測能力や精神的、社会的な進化を人類にもたらした。

火は食べ物にも大革命をもたらした。加熱した食べ物は消化吸収がよく、身体と脳の発達を促した。さらに、調理した食べ物は軟らかく、咀嚼に時間がかからないので、大型類人猿のように起きている時間の多くを咀嚼に費やすことがなくなり、余った時間を食糧の採集と料理や道具づくりに使うことができた。

やがて、人類は意図的に土地に火を放つようになる。焼畑農業の原始的形態である。森林を計画的に焼き払って草地を広げることで、草食動物を集めて狩りをし、また、新たに育つ植物を食糧とした。土地に火を放つことは、自然に対する人間の使用権の行使であり、投資である。同時に、そこには、土地の使用者と労働者という人間集団の新たな社会関係が生まれてくる。土地の所有をめぐって集団同士の争いも起こってきた。

火を使うことで生活水準の向上と人口の増大が緩やかに進行してきた人類は、一万三〇〇〇年前、氷河期の終わりとともに定住生活を始め、同時に農耕を始めた。集落はやがて都市へと発展し、文明が発祥した。錫を含んだ銅鉱石の採掘によって青銅の製錬が始まると、犂や車の農耕器具がつくられ、農業生産が飛躍的に向上する。ここにきて火は、照明や暖房、調理といった使い方に加えて、鉱石を金属という別の物質に変換するエネルギーとして用いられるようになる。エネルギーとしての火の利用は科学技術の発展を促し、人の社会を大きく、そして豊かにし、人類の生存の機会を拡大した。

二〇〇年前、それまで木材を主力とした燃料は石炭に置き換わり、さらに、火のエネルギーは蒸気機関によって動力に変換された。産業革命である。その結果、大量のエネルギーを投入して物を生産し、輸送することができるようになった。石炭に代わって石油がエネルギーの主力になるとその動きは一層加速され、さらに、石油からさまざまな物質がつくられるようになった。火のエネルギーは電気にも変換され、各家庭に供給されるようになった。街には街灯がともり、夜でも明るく足元を照らす。周りにはものがあふれ、私たちの物質的欲求を満たしてくれる。

生産活動への大量のエネルギー投入は、農業生産にも向けられた。灌漑を整備し、エネルギーを投入して農薬や肥料を生産し、それらを使って食糧が増産された。おかげで多くの人口を養えるようになった。

火を使いこなす過程は、人類の進化と社会の発展の重要な部分を担ってきたし、文化の一要素であることは間違いない。しかし、火と人間とのかかわりはその時代ごとに変化してきた。人類が火を手にした初期、まだ発火法を知らなかった時代、火は苦心して得た貴重なものであった。決して絶やしてはならないものであり、集団で大切に管理された。火は周囲の闇の世界に人間の存在を示し、野獣や悪霊などの危険から守ってくれるものであり、照明、採暖、調理の場であった。火は集団で共用され、集団生活の必要性が増し、火が置かれた場所は集団の結束を固める場であり、団欒(だんらん)の場でもあった。定住生活をはじめ住居を構えるようになると、火は用途によってさまざまに分かれ始めた。同時に、それぞれの火には管理するための社会的な規範やルールが与えられた。さらに、火が土器の製作や金属の製錬、動力、電気に変換するために使われるようになると、社会は一層生産的なものになり、かつ肥大化、複雑化していった。その結果、私たちの生活がより安全で、快適になった半面、火に触れる機会が少なくなってしまった。火は個人が扱い、管理する必要がなくなり、社会の裏舞台で、より高度な技術によって使用、管理されている。

火が私たちの手元から遠ざかるに伴い神様がいなくなった。人類が初めて火を手にしたとき、火の猛威に畏怖の念を抱きながらも、火がもたらす恩恵に神性を感じ、古代世界では火を信仰の対象としてきた。火を用いた儀礼は宗教行事や各地の風習の中に今でも残っている。日本人は長らく人と自然と神は一つの世界で暮らしていると考えていた。火の神、水の神、山の神、竈神（かまどがみ）、厠神（かわやがみ）など、日本には八百万（やおよろず）の神がいると考えられ、土着的、自然発生的な神が存在し、それらが否定されることなく生き続けてきた。なかでも火の神はその土地に土着し、土地を守り恵みと災いをもたらす土着神として民衆の中に存在し、信仰されてきた。神を迎えるさまざまな季節の祭りや出産、結婚、葬式などの儀礼のときには火が焚かれ、それらを通した信仰は家族や村など、集団の結束を強め、社会的な規範を司っていた。

火を焚く機会が減り、神様が私たちの周りからいなくなるにつれて、集団の結束が弱まり、個人と集団との結びつきが不明瞭になってきたように感じられる。しかし、実際には、私たちは自らの生存を社会に大きく依存している。地震などの巨大災害が起こると、電気やガス、水道、食料の供給が止まり、私たちはすぐに生活に窮してしまう。周りに多くをゆだねながら普段はそれを意識することなく、一人でも生きていけると錯覚してしまっている。個人の生活が優先され、周りへの関心や配慮が希薄になっているのだ。そしてそれは、老人の孤独死や若者の自殺など、社会的弱者の問題が生まれる要因の一つになっている。人は何百万年もの間、集団の中で生きてきた。一人では生きられない存在である。周りとのつながりが見えなくなると大きな不安感を覚え、孤立感を募らせてしまう。個が優先される時代の中で、ＬＩＮＥやＦａｃｅｂｏｏｋなどのソーシャルネットワークサービスが盛んに利用されるのもそんな背景があるのかもしれない。

今、世界の人口は七〇億人を超えている。この六〇年で約三倍に増加した。日本の人口は二〇〇八年をピークに減少し、ヨーロッパなど先進国の人口もそれほど増えてはいないが、途上国の増加が著しい。とくにインドの人口増加はすさまじく、現在の一二・五億人が二〇三〇年には一四・七億人になり、中国の一四・五億人（現在一三・八億人）を抜いて世界一になると予想されている。そのほか、インドネシア、ナイジェリア、エチオピアなど、南・東南アジアとアフリカ地域の人口増加が著しい。

人類はこれからどこに向かっていくのだろう。七〇億を超える人口を抱えるまでになってしまった人類の活動は地球全体に及び、エネルギー資源だけでなく人類が産業革命以前から資源として利用してきた水、森林、土壌、水産物などの再生可能な資源がその再生能力を超えて消費されている。膨み続ける資源の消費と人口の増加は人間社会にとって生命維持の根幹である自然環境に明らかに変化をもたらしている。その変化は気候システムと生物多様性においてとくに顕著で、水や土壌、森林などの再生可能資源にも人間の活動の影響とみられる変化が表れている。地球規模に達してしまった人類の活動と資源の消費はついに空間的な限界に突き当たってしまった。同時に、その限界が人類の生存に影響を見せ始めるのも遠い将来ではなく次世代ほどの近未来である。人類は時間と空間の両面で生存の限界に直面している。

　地球の限界という物理的な問題だけではない。火を焚いたときに生成する二酸化炭素によって地球の気温が上昇したり、フロン類など、火を使って人工的に合成した化学物質によって地球のオゾン層が破壊されるなど、その火が逆に人類の生存を危うくしている。ここにきて人類と火との関係が改めて問われている。


　人類にとって火とは何だったのだろう。そして、これからどうなるのだろう。先史時代から現代に至るまでの人と火とのかかわりを通して、「人類にとって火とは何だったのか」を改めて問い直してみたい。火が人類にもたらしてくれた恩恵について、人類の進化、文化面、技術面から見つめてみる。さらに、それらを通して、これからの火と人との関係について考えてみたい。

　第1部では人と火のかかわりについてまとめた。第1章では照明や暖房など、生活の中で火を直接利用する使い方をまとめた。第2章は火と結びつけられた信仰、第3章では戦いの火と題し、対獣、また対人間の戦いにおける火の使用を見ていく。第4、5章では土器や金属製錬など、物をつくる手段としての火を描く。第6、7章では現代の事情を中心に、エネルギー生産と火の利用をまとめた。

　第2部では、そもそも人間がどのようにして火に馴染み、利用するようになったのかを遺跡に残る痕跡やこれまでの生物的な研究から考えていく。第8章では世界規模で、第9章では日本を軸に、火を獲得し、利用するに至った人類史をたどってみたい。

目次

第2部 人類と火 ―― 169

第8章 火の使用と文明化 170

第1部

暮らしと火

第1章 生活の中の火

火の使い方と炉の発達

火の使い方は、文化や環境によって異なる。たとえば、調理方法では、食べ物を煮て食べる文化と焼いて食べる文化である。移動型の生活を営むモンゴルを除くアジア全域では、日本も含めて米が主食で、食べ物を煮て食べる文化である。煮る場合は、食物を水と一緒に鍋に入れて火にかけるから、火は効率よく鍋に当たるように直火が使われる。これに対し、古代オリエントからヨーロッパにかけては小麦が主食で、パンを焼いて食べる文化が発達した。焼く場合、直火は強すぎて扱いにくいので、あらかじめ温めておいた石などの余熱を利用する。

環境の違いは、火を採暖や照明に使う地域と、使わない地域である。北の地域は、寒い冬が長く、また夜も長い。火は調理以外に、採暖と照明にも利用する。そのため火は周囲を覆うことなく開放的

図１－１　自在鉤のついた炉（囲炉裏）

で、家の中心に置かれ、炎の熱と明かりが家の中に効果的に届くように、火力は一定に保たれ、鍋は釣って火にかける（図１－１）。調理の火加減は自在鉤を使って釣った鍋と火の距離を変えることで調節する。煙が煙道を通って家の床や壁を温める構造になっている住居もある。

緯度の高いヨーロッパは、寒さが厳しく、冬が長いため、暮らしに暖房と明かりが欠かせない。家は木造であるが、建てる場合、まず、石や煉瓦（れんが）などの不燃材で炉を築き、その周囲を骨組みで囲むように建てた。時代とともに炉を壁際に寄せて、部屋を効率よく使うようになった。このような炉を竈（かまど）と呼ぶことにする。壁に寄った竈は、前面が人が入れるほどに大きく開いて、照明が発達しない時代に明かりの効果も失われず、また、調理にも支障が出ないように工夫されていた。このような地域では、火が生活の中心であり、火で暖をと

図1－2　三個の石を置いた炉

り、明かりとしながら調理し、火の前で食事、仕事、団欒（だんらん）、あるいはベッドも置かれて、すべての生活がなされてきた。

南の地域は部屋全体を暖める暖房は必要ないので、火は周囲を覆って、炎がはみ出さないほうが生活は快適である。効率よく鍋に熱を伝えることに重点が置かれた。とくに赤道に近い地域では、炉の大きさも比較的小さく簡素で、炉の熱を避けるために、インドやネパールでは、屋外や家の最上階に置かれているところもある。

火と鍋の距離を適宜に保つ道具として、まず、三個の石が使われた（図1－2）。石で火を三方から炎が漏れないように囲み、その上に鍋を置くのである。二つ並べた石に鉄筋を渡したものや、鉄製の三脚も使われている。やがて、火を粘土や煉瓦で完全に覆った竈が登場する。竈は南アジアから東南アジア、中国、朝鮮半島、日本の広い地域で使われており、それぞれの気候や食べ物、風土に適応して発達した。

一方、オーブンはパンを焼く間接加熱の窯（かま）である。パンが初めて焼かれたのは紀元前八五〇〇年頃の地中海沿岸部にあるレバント地方とされている。この頃のパンは、小麦を挽（ひ）いて粉にした後に水でこね、その塊を平らにして、熱した石の上に置いて焼いていた。しかし、紀元前三〇〇〇年頃になると、小麦の生地を壺に入れ、熾火（おきび）にかけて焼くようになる。今のような開口部が横方向にある窯が誕生したのは古代ギリシアの時代といわれている。その後、古代ギリシア方式の窯はヨーロッパで使われ、パンを焼くだけでなく、肉料理、ピッツァ、焼菓子など、調理全般に使われるようになる。

イタリアでは二〇〇〇年前からパンが焼かれていたが、北部ヨーロッパでパンを食べるようになったのは三〇〇年前で、それまでは、鍋で麦を煮込んだ粥（かゆ）と獣肉が北部ヨーロッパ人の典型的な食事だった。フランスには、一六世紀、イタリアのマリー・ド・メディチがフランスのアンリ一四世と結婚するときに一緒に連れていったパン職人が伝えたといわれている。また、イタリアのパンの製法はハプスブルグ家が皇帝を務めていたオーストリアにも伝わり、独自に発展を遂げ、さらにドイツに伝わった。一八世紀には、オーストリアのマリー・アントワネットがフランスのルイ一六世に嫁いだときにオーストリアの食文化が一緒に伝わり、フランスのパンに影響を与えたとされている。しかし、寒冷な北部ヨーロッパで小麦は育ちにくく、小麦を使った白パンが食べられるのは貴族などの富裕層に限られ、庶民はライ麦や大麦でつくった黒パンを食べていた。

パンが普及すると、竈にパン焼き用の窯が付属するようになる。産業革命以降になると、竈から調理用に火が分離し、鉄製のレンジが登場する。火を鉄製のストーブの中に密閉した形の竈で、煮炊きや肉のグリルからオーブンの機能まで備わっている。

日本の炉

日本で炉が見つかるようになるのは縄文時代前期である。竪穴式住居の中央、やや北側に設けられた。炉の形式は、穴だけのもの、石や土器で周囲を囲ったもの、底に石をきれいに並べたものなどがある。炉の形は前節で述べたものと同様に、炉の中心に石を三個置いて、その上に甕（かめ）を置くものである（図1－2）。三点支持は炉の原点であり、世界に共通している。集落の広場に、熱した石で食物を蒸し焼きにする集石炉が設けてある例もある。

弥生時代になると住居の形は方形が基本となるが、炉の位置に変わりはない。東日本では地面で直接火を焚（た）く地床炉、西日本では住居中央に大きな穴を掘り、そこに灰を入れて火を焚く灰穴炉が主流であった。五世紀頃になると、住居は深さ四〇～五〇センチの柱穴を掘り、そこに柱を立てた掘立柱住居になる。大陸から竈が伝わり、住居の奥壁に粘土で貼りつけられた。しばらくすると煙道付きの竈も登場する。六世紀後半に朝鮮半島から韓竈（からかま）が伝わり、主に祭祀用に用いられた（図1－3）。

奈良時代になると外壁に板壁や土壁が使われるようになるが、竈は発見されていない。炉の形式は食べ物の調理方法と関係が深い。弥生時代に稲作が伝わって以降、米は水と一緒に煮て水分の多い姫

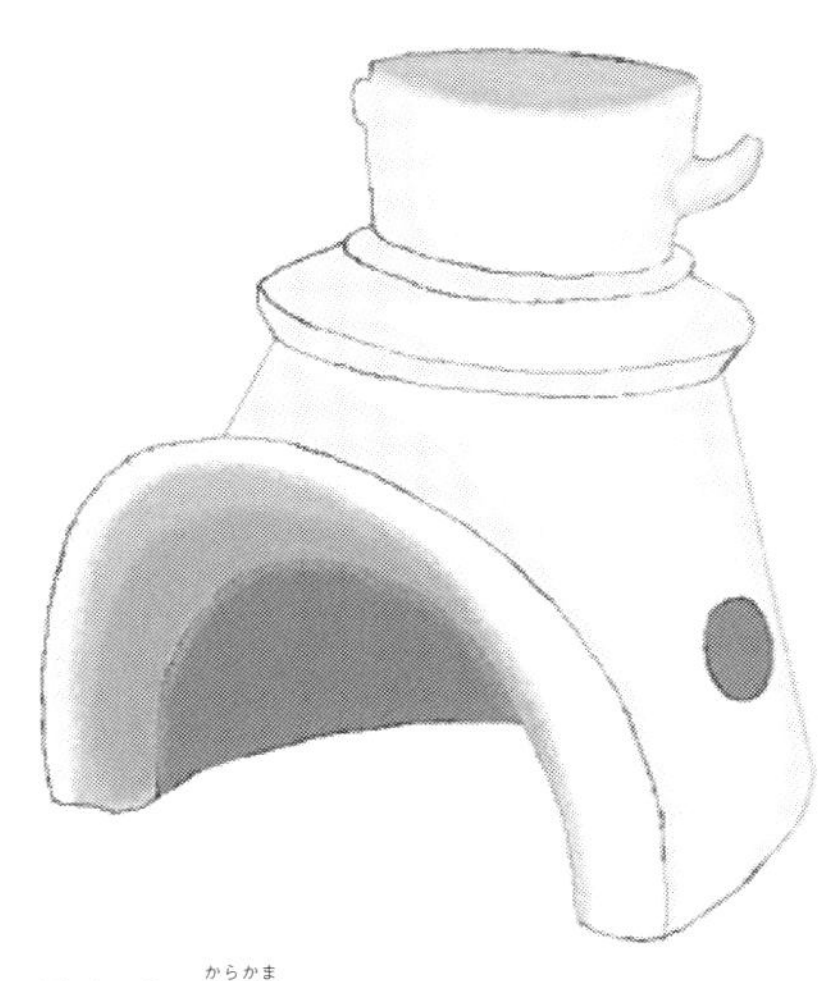

図1－3　韓竈（からかま）

粥の状態で食べていたといわれている。姫粥は鍋をクドコと呼ばれる鉄製の調理補助具に載せて火にかけ、調理するのが主流だったと思われる。貴族階級や庶民でもハレの日には米を蒸して強飯（こわめし）（今のお強）を食べていたようである。

平安時代以降は再び炉と竈の時代になるが、米の食べ方は粥か雑炊であった。東日本では、炉が主流となり、西日本では竈が主流となった。緯度が高いため冬が長く、夜の長い東日本や北日本では、暖房用、照明用として家の中央の炉で常時火を焚く生活が一般的だった。この頃から住居は土座から床張りの住居に改まる。それに伴って炉は床を切って灰を敷き詰めた囲炉裏となった（図1－1）。囲炉裏の底は土間から床面までさまざまな深さがみられる。

一二世紀頃になると土竈が登場する（図1－4）。鎌倉時代から室町時代にかけて定住基盤が

図１－４　土竈

強固になり、総柱型住居が主流となる中で、囲炉裏の時代から土竈の時代へと移っていく。土竈の登場によって堅粥（今のご飯）が炊けるようになる。土竈は、米の食べ方を変える革命的な調理器具だったのである。都市部の町屋では調理場に連なった竈を持つ家が登場する。一方、農村部では近代まで囲炉裏で煮炊きをし、暖をとる生活が続けられてきた。

江戸時代、江戸の住居は面積が狭いため、石竈と呼ばれる現在の七輪と同形の炉が用いられるようになる。七輪は韓竈の伝統を受け継ぐ移動式の竈で、燃料に木炭を使い、熱効率に優れ、炭価が七厘で済むことからその名がついたといわれている。都市生活の中で、効率や機能が重視されるようになると、座って行う台所の作業から立作業へと変化していく。それに伴い、竈は地面から分離され、調理台の一部に据え付けられるようになる。

一方、農村部では住居面積が広いことから、地面に置かれた土竈が普及していった。

普段、堅粥を食べている家でも、改まった節日にはお強（こわ）や餅を食べた。蒸物は湯を煮えくりかえらせ、その熱い湯気で調理する食べ物であり、強い火力が必要である。とくに、餅は、江戸期より前には団子と同じように餅米をつき砕いて粉にしたものを蒸して餅にこねたのが、後には粒のまま臼に入れてつくことになったため、お強以上に軟らかく蒸す必要がある。薪でも細い小枝ではいくら焚いても湯気が上がらない。餅をついたり、お強を蒸かしたりしようと思えば、かねてから火力の強い薪を用意しなければならない。これには割木と呼ばれる割って使うほど太い薪が用いられ、なかでも松の木（松薪）が一般的だった。今でも、正月の門松の根元に、それを支えるために丸く並べておく薪は、松の割木である。これは、飾りではなく、新年の清い火を燃やす燃料をこうして用意しておいた。昔は宮中でも年越しが近づくと大勢の官吏（役人）が、めいめい数本ずつこの新年の薪を持参して納めることになっており、これを御竈木（みかまぎ）進献と言っていた。

昭和時代になり、ガス調理器、電気調理器が普及してくると、家の台所から竈や七輪は次第に姿を消していった。ガス調理器はつまみを回すだけで火がつく。電気調理器はスイッチを入れるだけで加熱ができる。おかげで、日常の生活は便利になった反面、薪火や炭火の柔らかな温もりに触れる機会がなくなってしまった。

灯火

家の明かりも、日本の場合、縄文時代前期の竪穴式住居における地床炉の火に始まって、その後長い期間、もっぱら囲炉裏の火のみに頼ってきた。地床炉、囲炉裏の火から照明の火が分火する時期は明らかではない。しかし、照明の起源として『日本書紀』に次のような話がある。伊弉諾尊が伊弉冉尊に会うために黄泉の国に行ったとき、四面暗黒であったので、頭に差していた湯津爪櫛の雄柱を折って点火し、秉炬としたというのだ。よって、従来、これを我が国の秉炬（手火、炬火）の起源としている。なお、その頃の炬火は、のちの六〇センチから一メートルもある長いものではなく、一〇センチ以下の短い手火であったと思われる。炬火のタイとは、もとは手にとる火、すなわち手火であった。現在でも盆の祭りをタイタテと言ったり、タイトボシ、百八タイなど、タイだけを離して用いる地方がある。また、『万葉集』では志貴親王の薨りまし時の歌として、「天皇の神の御子の御駕の手火の光そここだ照りたる」、葬列の人々の手に持つ手火の光が詠まれている。志貴親王の葬儀の列の送り火が闇夜に照り輝いている様子が伝わってくる。

炬火は葦、麻幹、枯草や竹、松などの割木を手頃の太さに束ね、これに点火し、手に持って照明とするもので、その起源はおそらく古いものである。炬火は夜間外に携行するときに灯火として、宮廷、武家、民間の儀式、軍陣、葬送などに、広く利用された。それが、提灯が普及する江戸時代まで、夜

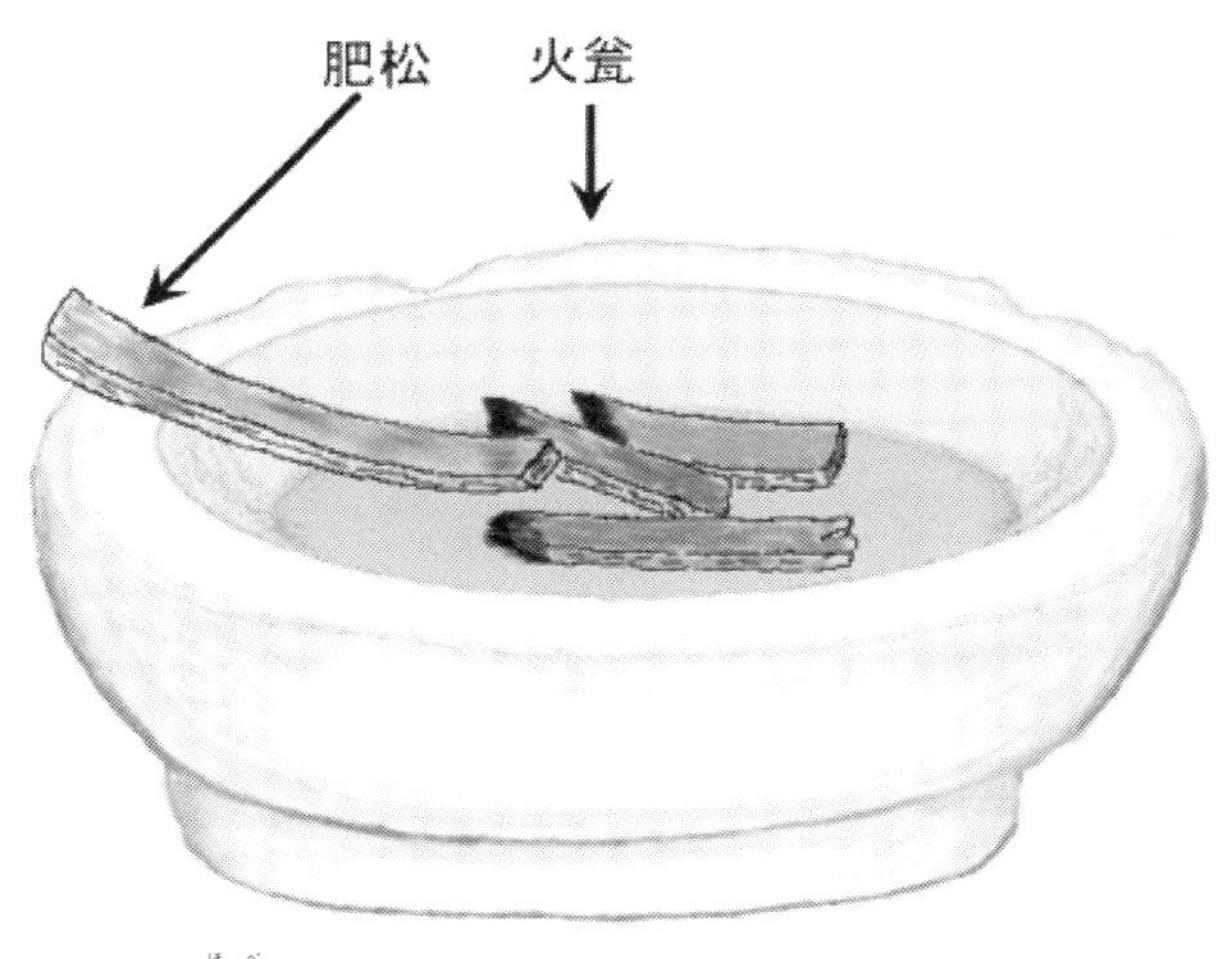

図1－5　火瓮（ほべ）と肥松

間に外出するときのたった一つの方法だったのである。一本が通常、昔の半時、今の一時間は持つものとなっており、一時外出するときには二本持っていった。夜通し遠道を歩く場合は背中に籠を背負ってたくさんの炬火を入れて出かけた。また、炬火の一種に脂燭（しそく）がある。松材を長さ四五センチ、太さ一センチほどに削り、先端を炭火であぶって焦がし、油を染み込ませ、手元を紙で巻いたものである。平安、鎌倉時代に夜間、殿上の歩行に照明として携えられた。

初めて地床炉、囲炉裏の焚火から分火した屋内専用の灯火が肥松である。松の木の根や幹の脂の多いところを細かく割り、土器の火瓮（ほべ）（火を焚く器）や石や鉄でつくった灯台の上で、次々と差し加えながら燃やした（図1－5）。肥松はその後も長く灯火として使われ、東京では一八七〇年代後半、東北地方の山村や九州の島々では近年まで使われていた。肥松のマツは木の名前であると同時に火のことでもあった。沖縄では火のことをオマツといった。

肥松のほかに、動物や植物の油脂を燃やした灯火も古くから使われていた。長野県尖石遺跡の与助尾根第八竪穴式住居跡から発掘された釣手形土器は底面に煤が黒くこびりついていたので竪穴住居の棟木から釣るされた灯火器と考えられている。おそらく、鳥獣魚肉を火で焼いたとき、その脂がよく燃えるのを見て灯火に利用するようになったのだろう。植物油が灯火に使用されるようになったのは仏教伝来以降のことである。飛鳥、奈良時代に入ると仏教の興隆に伴って灯油を使用する灯火が急激に広まった。当時使用された油は、ツバキ、榛などの果実油で、その需要を満たすため、地方の国々から租税の調として油の貢進が行われた。奈良時代には油の使用はほとんど宮廷、寺社に限られていたが、平安時代に入ると公家の家でも使用するようになり、油もエゴマなどの草種油が使われるようになった。

油を燃やして灯火とする場合、はじめは油そのものに点火していたが、のちに灯芯を用い、そこに点灯するようになった。灯芯には麻布を細く裂いて用いた。のちに、綿布、綿糸、または藺草の一種である細藺も灯芯として用いられた。

灯油を使用する灯火具には簡素な灯明皿から、しゃれた灯台、行灯、釣り灯籠、石灯籠まで、さまざまな器具が使われた。灯台が油皿を台の上に置いて裸火をともすだけなのに対し、行灯は油皿の周囲に立方形または円筒形の框をつくり、これに紙を貼って、火をともす火袋を装備した油用灯火具である。風のために灯火が吹き消されたり、揺れ動くのを防止できるのだ。行灯は字の通り、持ち歩く灯の意味で、「アンドン」の「アン」は、湖南省から四川省にかけて中国南部の地域で「行く」という言葉の発音である。もとは下げて歩き回る近距離用の灯を指した。後には危ないので持って歩く習慣が廃れ、置いて使うようになった。

火をともすといえば、現在でも頻繁に使われているのが蠟燭（ろうそく）である。蠟燭は、脂肪や蠟を塗った樹皮や木片を束ねてつくった炬火や脂燭から発達したと考えられている。蜜蠟を燃料として照明に利用することは、古代エジプトや古代ギリシア、古代ローマ時代にはすでに行われていた。しかし、今日のような蠟燭が使われるようになったのは紀元前三世紀頃とみられている。とくに西洋では早くから蠟燭が灯火として普及し、ポンペイの遺跡からも当時の蠟燭が発掘されている。中国では、戦国末期から漢の時代にかけて、燭台（しょくだい）の遺物が発見されている。日本には、仏教の伝来に伴って伝わったと考えられ、奈良時代にはすでに蠟燭が使われていた。しかし、当時、日本で用いられた蠟燭は中国から輸入された貴重品であり、宮廷、寺院の一部で用いられたにすぎず、平安時代後期に中国との交易が途絶えると、蠟燭の利用も途絶えてしまった。

室町時代に入り、中国との交易が再開されると、蠟燭が再び利用されるようになる。室町時代後期には、木蠟燭の製法が伝えられ、一五五〇年頃になると国産の蠟燭が製造された。安土・桃山時代に始まったとされる福島県の会津蠟燭は現在も続いている。木蠟燭は、漆、櫨（はぜ）など、ウルシ科の木の実をついて蒸し、搾って取った固体脂肪を原料とするもので、まず、紙縒（こより）に灯芯数本を絡み合わせて燭芯をつくり、これに原料の木蠟に油を混ぜて練ったものを塗りかけ、乾かしては塗りかける作業を繰り返して適宜の太さにする。江戸時代に入ると、木蠟燭の生産が進み、蠟燭の利用が広まった。しかし、その利用は武家、町屋の上流などに限られ、一般には灯油をともした灯台や行灯が用いられた。それでも、江戸末期になると都市で、儀式、酒宴、集会などの席でかなり広く蠟燭が用いられるようになった。当時の燭芯は燃えてもいつまでも太く残っていて、蠟が早くとけるので、たびたびその芯をたたいて小さくしたり、専用の鋏（はさみ）でつまみ取り短くする必要があった。燭台には必ず芯切りという金物がかかっていて、一人がつきっきりのようにしてその芯を挟みとっていた。そして、燭台の下にはつまみ取った芯を入れるための火消し壺のようなものがついていて、これを「ほくそほとぎ」といった。

明治時代に入ると、西洋蠟燭の製造技術が伝来し、地方の農山村でも蠟燭が使用されるようになる。西洋蠟燭は綿糸を燭芯とし、石油由来のパラフィンなどを原料として製造するもので、蠟燭製造機械を使用して大量に製造された。西洋蠟燭は、木蠟燭と比べて、色が乳白色で美しく、かつ光度も高いことから、その伝来、普及に伴って木蠟燭の製造と使用は急激に衰退してしまった。古来の製法でつくられた蠟燭は現代では和蠟燭と呼ばれているが、愛知県、京都府、愛媛県、石川県、福島県、山形県などに伝統工芸として残っているだけで、製造業者もほんの二〇軒を残すのみとなっている。

提灯は蠟燭用灯火具の一種である。挑灯とも書く。はじめはたぶん大陸から入ってきたものと思われる。しかし、現在の提灯は日本独特のものである。その形は、球形、円筒形、棗（なつめ）形などいろいろあるが、いずれも細い割竹を巻いて骨とし、これに紙を貼り、上下に口と底を装着し、折りたたみできるようにしたものである。江戸時代に入り、提灯は携行用灯火具として、従来の行灯に代わって大いに流行した。

明治時代に入ると、石油の本格的な精製が始まり、石油を用いたカンテラやランプが灯火具として使用されるようになる。明治五年（一八七二）にはすでに国産のランプも製造、市販され、明治三〇年代に最盛期を迎えた。ランプは油煙が出て、周りのガラスが曇るので毎日これを掃除せねばならず、また、倒すと火災の危険があったが、従来の灯火に比べるとはるかに明るく、しかも自由に持ち運べ、便利であったことから急速に普及していった。

一七九二年にイギリスのウィリアム・マードックがイギリス・マンチェスターにガス灯をともした。当時のガスはコークスガスと呼ばれ、石炭を高温で蒸し焼きにしてコークスをつくるときに出てくる副産物である。ガスの供給事業は、産業革命でコークスの需要が伸びる中、副産物の用途として期待された。一九世紀初めにはヨーロッパ中にガス灯が普及した。初期のガス灯はガスの炎そのものを大きく明るく燃やして、その光を明かりとしていたが、後には石綿や白金など高温に耐える材料でつくったマントルと呼ばれる鞘を炎にかぶせ、マントルが白熱して出す光を利用する方法が普及した。

日本では、明治五年九月、横浜の外国人居留地にガス灯がともった。その後、東京にもガス灯がともり、明治九年（一八七六）には東京市内で三五〇基の街灯がつくられたが、コークスガスには一酸化炭素が含まれており、換気の問題もあって、屋内用としては十分な発展を見なかった。

一八八〇年にアメリカのトーマス・エジソンが白熱電球を発明し、灯火としての火の役割は一気に衰退した。この電球には日本の竹を素材にした炭素フィラメントが使われていた。明治一一年（一八七八）に電池を用いた電灯がともり、明治一五年（一八八二）に五万馬力の蒸気発電機を用いた電灯が実用化された。ガス灯は灯火用として電灯には対抗できず、電灯の普及に伴い、姿を消し、ガスはもっぱら家庭用燃料として用いられるようになった。

採暖

暖房器具

暖房の火も灯火と同様、縄文時代前期の竪穴式住居の地床炉の火に始まり、その後も、もっぱら囲炉裏の火のみに頼ってきた。元来、日本人は、夏季の湿度の高い蒸し暑い気候に適するように、開け放しの住居様式と衣服様式によって、寒い冬も押し通してきた民族である。囲炉裏の火を除いては、暖房らしい暖房設備も暖房用具も発達を見なかった。大陸文化の強い影響を被りながらも、オンドルのような竈の余熱と煙を利用する住居様式はついに取り入れられなかった。また、囲炉裏の火も暖房の見地からはほとんど改良が加えられなかった。火桶や火鉢、行火（あんか）、炬燵（こたつ）など、採暖の火が囲炉裏から分火するのは、平安時代のことである。

火桶や火鉢、行火、炬燵は赤々と燃えて煙の立たなくなった囲炉裏の熾（おき）を利用することから始まったと思われる。平安時代、宮廷などでは、焚火の煙と煤を避けるため、表向きの部屋には囲炉裏を置かなかったので、火桶、火鉢が用いられるようになったと考えられる。これらは、まず上流階級に普及したが、木炭が燃料として使用されるようになると、広く庶民階級でも使われるようになった。とくに、江戸時代に入ると、都市での生活における暖房、採暖はもっぱら木炭と火鉢に依存するようになった。

行火は手足を温めるために用いる移動用の火炉で、室町時代から禅家によって使用された。江戸時代、辻番などが用いたものの多くは木製で、明治、大正時代に一般に用いられたのは土製である。火を入れる土製の容器を行火の中に置き、これに当初は熾を、のちには木炭か炭団(たんとん)を入れ、その上に薄い布団などをかけて手足を暖めた。

炬燵も室町時代に禅家によって広められた。床に炉を切り、その上にやぐらを置いた設備で、元来は固定的なものであったが、江戸時代、寛永の頃から持ち運びのできる置炬燵が使われるようになった。

他方、西洋はどうだっただろうか。日本よりも北に位置するヨーロッパは冬が長く、寒いことから採暖設備が発達した。はじめは、家の中心に置かれた炉を調理、採暖、照明のすべてに用いていた。大きな家では炉の番人が火を守り、絶やすことがなかった。家族と炉の番人、召使たちは、一つの家に一緒に住み、食事をし、寝ていた。家には煙突がなく煙が充満した。このため使う燃料には樹液の少ないトネリコやリンゴ、ブナの木が好まれた。煙突付きの家が現れるのは一三世紀末である。この頃、それまで家の中心に置かれていた炉が壁際に移動し、竈が登場する。前述のように、壁によった竈は前面が大きく開いて部屋全体を暖め、照明が発達しない時代に明かりの効果ももち、また調理にも支障が出ないように工夫されていた。調理をしない部屋には、壁に暖炉が置かれた。暖炉は炉に人が入って調理をしないので、竈に比べると前面の開口部が小さく、採暖と照明に特化している。

火から遠くて寒い、部屋の隅のほうや竈や暖炉のない部屋では、持ち運びのできる火鉢が使われた。火鉢の燃料には木炭が使われた。

一二世紀、ヨーロッパに大開墾時代が訪れ、森林が伐採されて畑がつくられた。一五世紀半ばから大航海時代が始まると、船の建造に大量の木材が使われ、森林が伐採されていった。ヨーロッパは慢性的な木材資源不足に陥り、木材の値段が高騰した。薪や木炭が手に入りづらくなり、石炭が家庭用の燃料として用いられるようになった。とくに、イギリスの森林の資源不足は深刻だった。イギリスはもともと森林が少ないうえに、周辺を海に囲まれた海洋性気候で夏でも涼しいため、樹木の成長が抑えられ、一度消失した森林はなかなか回復しなかったのである。このため、イギリスでは一三世紀頃から主に暖房に石炭が使われるようになった。石炭は薪や木炭に比べると大量の煙（煤塵）を出し、二酸化硫黄の悪臭を発する。そのため、竈や暖炉には煙突が必須のものとなった。前面が大きく開かれていた竈は、開口部が小さくなり、煙や臭いは煙突に流れ、部屋の中に流れ込まないような構造に変化していった。

裸火は煙が熱を持ち去ってしまうため、寒冷なヨーロッパでは室温が十分に上がらない。そこで、火の前面を石や煉瓦で覆い、高温の面積を増やし、輻射の効果を増大させる工夫がなされた。鉄が普及してくると同様の効果を鉄板で得るようにもなった。さらに、火の周りをすべて鉄板で覆った完全密閉型の、いわゆるストーブも登場した。また、暖炉の側面と背面に鉄板を固定し、その隙間に空気の通り道をつくり、火床の下から入った空気が、背面と側面の隙間を上って暖まり、部屋に戻される、対流式暖炉も考案された。

近年、ヨーロッパでは環境意識の高まりもあって、木質ペレットを燃料にしたストーブが使われるようになっている。木質ペレットとは、製材したときに出る木屑や木の皮、端切れを粉砕し、直径約〇・六～一センチ、長さ一～三センチの大きさに成形したものである。木質ペレットの生産は、一九七〇年代にアメリカで始まったとされるが、一九九〇年代に入り、スウェーデン、オーストリア、ドイツ、イタリアなどのヨーロッパ諸国で普及した。さらに、二〇〇〇年代に入りドイツやオーストリアでは、町や村など住宅が比較的集まっている地域に小型の木質ペレット焚きボイラーを設置し、各住宅に電気と熱を供給することで、地域全体としてエネルギー利用効率を高める地域分散型熱電併給システムの導入が進んでいる。

住宅

もともと寒冷なヨーロッパの住宅は、石造りの家でも内部に木の板を張るなどして、室内の熱が外に逃げないように工夫していた。しかし近年は、環境意識の高まりで住宅の構造にも変化がみられる。

壁に断熱材を張り、窓は二重にするなどして気密性を高め、暖房も外の空気を使って燃焼し、排気も外に直接出すタイプが用いられるようになり、室内の熱を外に逃がさないように工夫されている。

このような住宅の構造変化は日本にもみられる。従来の日本家屋は夏季の蒸し暑い気候に適するように風通しのよい開け放しの住居様式だった。囲炉裏の煙は梁や茅葺屋根・藁屋根の建材に浸透し、防虫性や防水性を与え、家屋を長持ちさせていた。しかし、最近は都市部に住宅が密集してきたこともあり、家屋は断熱性を高め、外からの熱の出入りが少ない住居様式に変化している。夏季は冷房を使って室内の温度と湿度を快適な状態に保ち、外から熱が入るのを防ぐ、一方で冬季は暖房によって室内を暖め、室内の熱が外に逃げないようにしているのである。

ところが、風土に適していない高気密化によって結露やシックハウス症候群などの問題が発生している。シックハウス症候群は化学物質過敏症の一種で、建材にプリント合板などの新建材が使われるようになった一九九〇年代以降に顕在化した。建材に使われている接着剤や塗料に含まれているホルムアルデヒドなどの有機化学物質が原因である。

発火法

古代の発火法

人類が火を使い始めたのはおよそ一〇〇万年前といわれているが、火打石と思われる遺物が見つかるのは五万年前である。その間、人類は手に入れた火が消えないように大切に保存してきた。火種が燃えつきないように、熾火にして灰に埋めて保持する「火留（ひどめ）」という方法も考案された。

後期旧石器時代から中石器時代の住居跡から、打ち合わせた跡のある火打石と黄鉄鉱が見つかるようになる。硬い石の角を黄鉄鉱に打ちつけると、削り取られた鉄の粒子が赤熱した火花を出す。その火花を消し炭などの火口（ほくち）に移し取って火を起こすのだ。火花式発火法と呼ばれている。火打石には硬度のある、玉髄、チャート、ジャスパー、サヌカイト、黒曜石、ホルンフェルスなどが用いられた。火打石を打ちつける発火具には黄鉄鉱や白鉄鉱が用いられた。火口にはススキ（穂）、ガマ（穂綿）、ヨモギ（葉裏の綿毛）やアサ、イチビ、キリなどの消し炭、ホクチタケなどのキノコを乾燥したものが用いられた。

火口がくすぶり始めると、枯れた松葉や細かい芝草、竹の屑など、燃えやすいものの上に移し、火吹き竹などを使って吹いて、炎にする。のちに、薄い木片の端に硫黄を塗りつけたつけ木が考案され、着火が簡単に行えるようになった。つけ木をくすぶっている火口につけると、硫黄が青い炎を上げて燃え、やがて木片に燃え移って大きな炎になる。

黄鉄鉱や白鉄鉱を用いた発火具は火花の温度が低く、必ずしも効率がよくなかったので、浸炭により鋼がつくられるようになると（第4章2節参照）、鋼製の火打金が普及した。紀元前三〇〇年以降とみられている。鋼製の火打ち金を用いた火花式発火法は、ヨーロッパや中国、インド、日本など、世界の広い地域で、マッチが普及する一九世紀まで日常の火起こしに使われた。

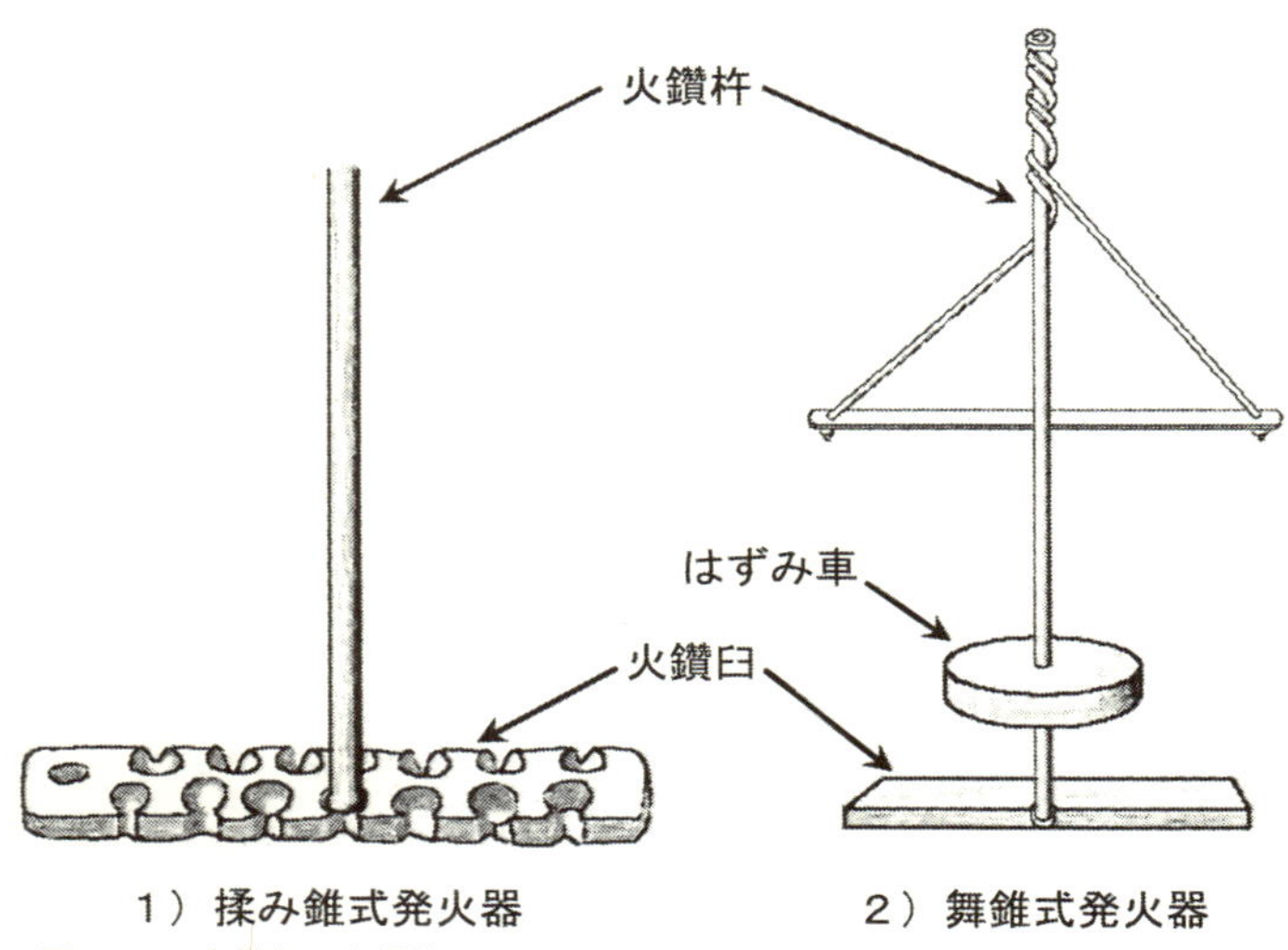

図1－6　火鑽臼と火鑽杵

火花式発火法は湿度の高い地域では使いづらいことが多いが、木を擦り合せて火を起こす摩擦式発火法は古くから世界各地で行われていた（図1－6）。摩擦式発火法が考案されたのは新石器時代といわれている。

日本でも古い神社では、今でも昔からの伝統を守り、火鑽臼（ひきり）、火鑽杵による摩擦式発火法で火を鑽（き）り出し、この火で身を清め、神への供え物を調理する習わしが行われている。

この発火法は揉み錐式と舞錐式に分けられる。揉み錐式は、火鑽臼に杵を当てて揉む方法だ。杵で揉んだときにできる木屑が、臼のくぼみの切れ目から落ちて火口となる。火口は山なりに積もり、摩擦熱によって内部の温度が上昇して発火する。これは、出雲大社、熊野神社、神魂（かもす）神社、諏訪大社などで現在でも行われている。

一方、舞錐式では、杵を通したはずみ車と短冊状の横木を用いる。杵の上端と横木を紐で結び、横木を上下運動させたときの紐の杵への巻きつきを利用して杵を回転させる。杵を手で揉むのに比べて楽なので広く使われていた。伊勢神宮、熱田神宮、大國魂神社、八坂神社などで行われている。昔から、臼にはヒノキが使われ、杵には、ウツギ、スギ、ヒノキなどが使われた。「ヒノキ」とは「火の木」のことで、火を起こす木として用いられた。

日本では、黄鉄鉱を発火具に使っていた例はなく、火打石による火花式発火法が広まるのは鉄が伝わった紀元前二世紀以降である。日本で鉄の生産が始まる八世紀頃までは、火鑽臼、火鑽杵を使った火起こしが一般的であった。

パプアニューギニアなどの東南アジアの一部の地域では、テープ状の竹ひごや藤のつるなどを割れ目のある枝や割竹などに直交して押し当てながら、左右に引いて擦る糸鋸(いとのこ)式が今も残っている。

マッチ

一八〇五年、フランスでJ・シャンセルが塩素酸カリウムと砂糖の混合物をアラビアゴムと水で練り、軸木の先に着けて乾かしたものと硫酸を石綿に染み込ませたマッチを発明した。軸木の先を硫酸に触れさせると、砂糖が分解されて発熱し、その熱で塩素酸カリウムが分解して酸素を発生し、発火する。一八二七年にイギリスのジョン・ウォーカーが塩素酸カリウムと硫黄、硫化アンチモンをアラビアゴムと水で練ってペースト状にしたものを軸木に浸した摩擦マッチを発明し、ウォーカーマッチとして売り出した。一八三一年には黄リン、二酸化鉛をアラビアゴムで練って軸木の先につけた黄リンマッチをフランスのシャルル・ソーリアが発明した。どこで擦っても発火するこのマッチは欧米で広く使われたが、自然発火の危険もあって安全とはいえなかった。さらに、黄リンは毒性が強く、マッチを生産する工場の工員がリン中毒壊疽（えそ）の職業病にかかった。現在使われているマッチは黄リンの代わりに、一八四五年に発見された赤リンを使ったもので、一八五二年にスウェーデンのヨン・E・ルンドストレームによって考案された。赤リンはガラス粉などと混ぜて箱の側面に塗り、軸木には硫黄と酸化剤など、燃えやすいものを塗りつけた摩擦マッチのようなものを用い、軸木で赤リンを擦ると発火する。

日本では明治九年（一八七五）、清水誠が新燧（しんすい）社を創設し、マッチの製造を始めた。創業当時は、塩素酸カリウム、赤リン、パラフィンなど、原料のすべてを輸入していたが、明治三三年（一九〇〇）にリンの国産化に成功し、明治四一年（一九〇八）に塩素酸カリウムの製造が国産化された。明治三〇年代以降、大正時代にかけて、マッチは生産量が増大し、日本の主要輸出産物として、中国、東南アジア、インドなどに輸出され、黄金時代を迎えた。

しかし、一九七〇年代後半から使い捨てライターや自動点火コンロなどが普及し、マッチの生産量は一九七三年の七九万トンから二〇一五年には一・三万トンにまで減少した。

ライター

ライターなどに使われている発火石はセリウムと鉄の合金である。一九〇三年にオーストリアのカール・A・ヴェルスバッハによって発明された。セリウムは軟らかい金属で、そのままでは変化しないが、鉄との合金は、強く擦ると削れて発火しやすい性質がある。やすりなどで削ると、削れた発火石の破片が発火する。この種火はすぐに燃えつきてしまうので、その前にベンジンや可燃性ガスなどに引火させることでライターとして使用されている。しかし、日本ではもっと早くからこれに似た発火器が開発されていた。江戸時代、平賀源内による刻みタバコ用点火器である。二〇〇年以上前から、タバコと火は切っても切れない関係だ。

ライターには、燃料が補給できない使い捨てと、補給できるタイプがあるが、国内流通量六・四億個のおよそ九割が使い捨てである。また、国内で生産されているのは約一割であとは輸入である。

灯火として広く使われたガスは、発火にも用いられた。ガスが家庭用燃料として普及すると、ガスコンロや瞬間湯沸かし器に気体燃料用の火花式点火具が付属するようになる。圧電素子と呼ばれるもので、ジルコン酸チタン酸鉛という物質である。この物質を強く打つと数万ボルトの電圧が発生して火花放電を起こし、着火することができる。連続スパーク式点火装置は電池に接続された一次コイルと、その上に巻かれた、はるかに巻き数の多い二次コイルからなり、一次側の電流を周期的に断続すると、回路が切断された瞬間に発生する一次側の衝撃変化により、二次側に高電圧が生じ、火花放電を起こす仕組みを利用している。コンロの焚口付近でパチパチと火花を飛ばし、連動してガス栓が開き、焚口から出たガスに点火する。

二〇世紀半ばには、ブタンを用いたガスライターが普及した。ブタンは常温では気体だが、少し圧力をかけると液体になり、プラスチック製の容器でも簡単に貯蔵することができる。プラスチック容器の栓を開けて常圧にすると気体となって容器から噴出する。これに圧電素子の着火具または発火合金とやすりの点火具により点火するガスライターが普及したのである。ブタンは石油化学工業の発展により安価に入手できるようになった。気体燃料の普及により台所からマッチが姿を消し、ガスライターの普及により携帯用のマッチも姿を消した。

第2章

火と神様

火の神格化

火の神は世界中に住んでいる。ギリシアには、炎や鍛冶の男神ヘーパイストス、竈や家の守り女神ヘスティア、北欧にはロギ、アフリカのナイジェリアにはオグン、北米アステカ地方にはシウテクトリ、インドにはアグニ、日本にもカグツチや竈神が住んでいる。火の神にまつわる神話は世界各地に伝わっている。

はるか遠い昔、人類が火を使い始めた頃、自然の中の火は荒々しく、森や草原を焼きつくし、厄災をもたらす恐ろしい存在だったが、焚火は闇を照らし、野獣や悪霊などの危険から守ってくれた。同時に、身体を温め、おいしい食べ物をもたらしてくれた。そんな火に我々の祖先は人知を超える力を感じ、崇拝してきた。火は家族や集落、国を守り、災いや恵みをもたらす存在として信仰され、火を用いたさまざまな儀礼が行われてきた。火に対する感謝と畏れの気持ちは世界に共通している。

火は家族や集落、国など、共同体の象徴でもあった。火が消えることは、これらの共同体が衰え、消滅することを暗示し、不吉視された。一方、火で焼きつくされた野山には草木が芽吹き、生命がよみがえることから、豊穣や多産の象徴とされた。火が女性に多産をもたらす力があるとの観念は世界の多くの民俗に見られる。また、腐敗し、衰退した日常の秩序に生命力をよみがえらせる可視的象徴でもあった。家族や国の秩序が衰えると火は廃棄され、新たに火がともされた。

死者を送るときにも火がともされる。火は死者との別れを意味する。人の死を悼むのに蠟燭(ろうそく)に火をともす行為は世界に共通している。火は現生の人と死者とを結ぶ媒介の役割も果たしているのである。

火は、暖かさや明かりを発し、人の生活を便利で安全なものにしてくれる反面、母材を燃やしつくして成長、拡大する危険な存在という矛盾した二面性をもっている。この恩恵と厄災との間の緊張が独特の精神性を火に与えた。このような火の二面性が発展し、新と旧、浄と穢(けが)れ、神と人、異界と現生など、二つの異なった項の間を火が媒介するものとしてとらえられた。このような火の力は日本だけでなく世界中の人類に共通するものであり、俗塵を焼き払い聖別する力が火にはあると信じられていた。本章ではその一例を紹介したい。

火の神

日本の神様

古代の日本人は、人と自然と神が一つの世界で暮らしていると考えていた。ユダヤ教やキリスト教のように人と自然や神とを明確に区別していなかったのである。神も自然と対峙するものではなく、神がかりとは人が神に近づいた状態を指し、神は常に人の側にいる存在だった。日本人は豊かな自然環境の中で、自然と一体になって神とともに生きてきた民族である。自然を物理的な現象としてとらえる考え方は必要なかった。

古代の日本人が自分以外に意識した対象は、山、水、火、太陽、大地、風などである。その中で、山と火は特別な存在であった。山は人々に食べ物を恵み与えてくれる母のような存在であり、山の神は多産な女神である。一方で火はそれらを食べられるようにしてくれる。火の神は土着の神と強く結びついて、その土地を守り、恵みと災いをもたらす神として、民衆の中に存在したのである。

日本には、山の神、火の神、水の神、屋敷神など、八百万（やおよろず）の神がいると信じられ、土着的、自然発生的な神が存在し、それらが完全に否定されることなく生き続けてきた。神話の中では、イザナミが火の神カグツチを産んだとされており、京都の愛宕山に祀られている。しかし、愛宕神社などではカグツチのみならず、他の神々も一緒に祀られている。日本の神話には、時の征服者が信仰する天照大神（あまてらすおおみかみ）のもとに、それまで存在したあらゆる神々が物語の中に取り込まれ、再編されている。権力者に逆らい、排除された者でさえも、神として祀るという不思議な文化をつくり出した。おかげで、日本の神々は征服者の神の中に生き続けることができた。

囲炉裏と竈

もともと住居に火は一つしかなかった。一つの炉で煮炊きをし、暖をとっていたのである。住居が発達するに伴い、炉は囲炉裏と竈に分かれた。囲炉裏でも、竈でも煮炊きをするが、両者の性格は異なるものである。

囲炉裏は生活の中心であり、家族全員が囲炉裏の周りに集まり、暖をとり、食事をとる。家の象徴である囲炉裏の火は絶やさぬように管理された。夜に火をよく生けておいて朝まで持たせる技術は埋(うず)み火(び)あるいは火留(ひどめ)と呼ばれた。昼間、留守にするときにも火留をした。まず、炉の真ん中のホドと呼ばれる部分の灰を軟らかくして、その上に太い木の燃えさしを置き、さらに今までに火の下になっていた温灰(ぬくばい)を載せる。温灰の中には微炭が火になってたくさん混じっている。それが黒くならないうちに炉の周りの灰を集めて、覆い隠してしまう。この火留に使う木のことを榾(ほだ)と呼び、榾にはよく燃える松の木よりも、カシとか、ウバメガシ、ツバキのような堅い目の細かな、火持ちのよい木が用いられ、あらかじめ火留に都合のよい五、六寸程度の木を蓄えておいた。榾は炉の四隅から太く長いのを一本ずつ真ん中で交差させて焚(た)くのが本式であったようである。

正月のめでたい休みの間、炉に焚く榾は特別にヨツギホダと呼ばれる。漢字表記は地域によって異なるが、たとえば熊野地方では、「世継」という字が当てられている。これは、本来一年の大事な節目の日に、古式の作法にのっとって家の火を守っていたのが、次第に簡略化され、正月だけの作法となったものと思われる。立派な榾を暮れから用意して、または歳末の贈り物として他家に分配する風習があった。ヨツギホダは正月中焚き続けられ、元旦や七草の雑煮、鏡開きの餅焼き、小正月の小豆粥などには必ずこの火を用いた。「温かい火だけがごちそうの火正月」と昔話にもあるように、炉の火は正月の祝いの中心であった。

囲炉裏の周りには男女、左右、聖俗の区分があり、家族各々の座る位置が決まっていた。土間（玄関）から向かって囲炉裏の左側が横座、家長の座で、囲炉裏の管理人である。横座の右隣、玄関に一番近い座が客座、横座の次に偉い人が座る。横座の奥に仏間と出居（客間）がある。横座と客座は座敷と出居に対応し、家の表側、公的空間であり、男の空間である。横座の左隣、玄関から向かって奥が嬶座で家父長夫人の座、その奥に台所がある。横座の正面は下座で嫁が座る。嬶座と下座は裏側の台所と寝間に対応し、私的空間であり、女の空間である。表の空間には神棚や仏壇が設けられ、清浄高貴な神を祀り、家長の権威を宗教的に強化することで、家の繁栄永続が保証されると考えた。住居の火を中心とした男女、左右、聖俗の区別は、モンゴルの遊牧民の住居ゲルにもみられる。

竈は、住居の中の火が調理設備に特化して発展した。家の私的空間に置かれた竈は家の火所を意味し、「へっつい」、あるいは「くど」と呼ばれた。「へっつい」とは、「いえ・つ・ひ」（家の火）の意味で、「へつひ」（戸の霊）と発音された。「へ」とは竈のこと、「ひ」とは霊（神）のことである。「くど」は火所の意味で、古くは「ふど」あるいは「ほど」と発音された。「ほど」は「火処」と書く。竈には竈神が住んでいると考えられていた。竈神は、火や火伏の神、農作の神、家族や牛馬の守護神、富や清明を司る神など、生活全般に関わる神である。

竈神の祭祀者は一家の主婦である。料理を女性の役割分担としてきた社会では、竈神を祀る役目が女性にあるのも必然的な結びつきと考えられる。また結婚に際しては、嫁は婚家の竈神の保護に入るため、穢れを払い、竈の周りを回ってから座敷に通される。このような習俗は世界に共通してみられる。

竈は荒神信仰とも関係が深く、京都を中心に西日本では三宝荒神が竈神として祀られている。京都では竈のことを「おくどさん」と呼ぶが、「おくどさん」に祀られているのが三宝荒神である。不浄を嫌い、それを犯すと激しく祟る気性の荒い神であり、「おくどさん」はそのまま竈神を指す。大きな家には竈が複数あり、一番大きな竈は「飾り竈」として、普段は竈神を祀っている。正月三が日だけ、お供え物の雑煮をつくるために使用する。

竈は、水を湯に、米をご飯に、生で食べられないものを食べられるものに変える。竈は恵みの対象であり、感謝の対象である。田植えが終わると苗を三束供え、稲刈りの際には初穂を供える。また、竈は火の力を借りてものが生まれる場所である。丸みを帯び中が空洞であることが、母胎や子宮を連想させ、女性原理と結びついている。生命はあの世からやってくるもので、女性はその扉となり、境界ともなって新たな命を産み出すと考えられていたのだ。「ほど」と発音される竈は、「ほと」（女性器）に通じる。囲炉裏の中心に置く三つの石と、その三角形が女性を意味していることは、古代インド、古代エジプト、古代ギリシアにも共通している。沖縄の「ヒヌカン」にも似た習俗が残っている。竈の暗い穴は異界とつながっていると考えられた。異界とのつながりは死と結びついている。竈の後ろや近くは幼くして亡くなった子どもや乳児の死体を埋葬する場所であった。出産後の胞衣も竈の後ろに埋められた。

また、異界とつながっていることから不思議な効果をもたらす言い伝えがある。竈の上に物を置くと鼻の低い子が生まれる。子どもが泳ぎに行くときに竈の墨を顔に塗っておくと河童に襲われない。竈を修理すると兎唇（口唇裂）の子が生まれる。卑しい身分の者が竈の番をしていてのちに出世した。家に泊めてあげた人が竈の前で大便をして、それが黄金に変わった、などである。

世界の竈の話

ギリシア

キリスト教がヨーロッパに伝わる以前のギリシアは多神教であり、多くの神々をたたえ、日本と共通した神のとらえ方がみられ、火の扱いに関しても類似する部分が多い。古代ギリシアの竈神はゼウスの姉ヘスティアであり、アテナやアルテミスと同じ処女神である。家庭の統合と継続性の象徴として祀られ、食事の前後に祈りを捧げられた。鍛冶場や戦争を象徴する男の火神ヘーパイストスと対照的である。家庭にはヘスティアかゼウスを祀る聖堂があり、祭壇には火がともされた。家の主人は祭壇の前で日々の儀式を執り行った。祭壇の火は常に純粋なものでなければならず、火は畏敬の念を込めて扱われ、絶えず燃やし続ける習慣があった。祭壇の火の管理は女が行った。

古代ギリシアの都市には、政治社会の儀式的中心として貴賓館の祭壇に火が常時ともされ、ヘスティアが祀られていた。そして、新しい都市を建設すると、そこから分火された。古代ローマには、宗教的統一と政治的統一の象徴として竈の女神ウェスタに捧げられる神殿の火があった。

古代ギリシア、ローマ時代の竈は火への崇拝を背景に、家の中心であり、家の象徴としての意味をもっていた。そのため結婚式は花嫁を父の家の竈から花婿の竈に移すことであり、竈のところに連れていくことによって、家族共同体の一員となることを意味した。

ドイツ

竈に関して、ギリシアと似た習俗がある。花嫁が夫の家に入ると、夫やその母に案内されて、まず竈の周りを三回まわるのである。

また、ケルンに伝わる童話で、人が眠っている間に家の中を片付けてくれる小人ハインツェルは竈のそばから姿を現す。これは、竈が異界とつながっていることを象徴している。

日本でも馴染み深いグリム童話に収録されている「ヘンゼルとグレーテル」にも竈が出てくる。森に捨てられた兄妹がお菓子の家を見つけるが、魔女につかまってしまう。魔女はヘンゼルを太らせて食べようと牢屋に入れてグレーテルに食べ物を運ばせた。あるときヘンゼルを煮て食べようと、グレーテルに水の入った大きな鍋を竈にかけて湯を沸かさせた。しかし、グレーテルは魔女を竈に誘い出し、隙を見て魔女を竈の中に突き落として殺してしまう。そして、兄妹は魔女の宝を持って無事家に帰ることができる。

中世のドイツ人にとって、森は獣と魔物が住む恐ろしい異界の場所だった。グレーテルの起死回生の一手で人の住む世界に戻ることができた場面に登場する竈は、まさに異界とのつながりを象徴する存在だ。

中国

中国の竈神は自然神ではなく、人に起源をもっている。賢い妻を娶(めと)った男が、妻のおかげで家が栄えるが、裕福になると夫は愚かな行いをするようになり、妻は家を出てしまう。やがて家は没落し、夫は盲目の乞食になって、偶然、元の妻が暮らす家を訪問する。元の妻に親切にされ、今までの行いを恥じた夫は竈に身を投じて死んでしまい、竈神になるというものである。中国に伝わる竈神の多くは儒教思想などと融合し、これに似た話が多い。日本の竈神が、その土地や自然と結びついているのとは少し性格を異にする。

竈神の役割も特徴的だ。家の火所に当たる竈にいる竈神は、一年間家の中に留まって一家の行為の善悪を監察している。そして、旧暦一二月二四日の夜、道教の最高神である天上の玉皇大帝に報告に帰り、大晦日の深夜、その家に下すべき吉凶禍福を携えて竈に戻ると、再び家の中に留まって翌年の一家を監察するのである。

モンゴル

モンゴルの遊牧民は、ゲルという移動可能な家で生活を営んでいる。ゲルを造るときには、まず火の位置を決めてから、炉を中心に住居内の各場所を決める。家の中から戸口に向かって右側は男の空間とされ、放牧や狩猟の道具もここに置く。左側は女の空間で、女性の衣服や食器、生活用品が置かれる。子どもの出産、食事の用意もここで行われる。モンゴルではチベット仏教の信仰が盛んだが、仏像はゲル内の西北の壁際に安置される。

火は家の象徴であり、火の神は家族の守護神である。結婚式では、花嫁が新郎の家の竈に新しい火を起こし、火を拝む。火を拝むことで、家族の一員として迎えられるのだ。

竈の改良

神様の話とは離れるが、途上国ではいまだに三個の石を置いた簡単な炉で煮炊きを行っている例が多い。そこで、海外協力の一環として、先進国の七輪や土竈のような熱効率のよい炉を途上国に普及させる取り組みが行われている。改良型の竈が普及することで、燃料となる木材の使用量が減り、森林保全につながっている。

日本の例では、カンボジアでパーム砂糖の生産用に日本から提供された改良型の竈が使われており、薪燃料の消費量が約三〇パーセント削減された。また、アフリカのブルキナファソでは、改良竈の普及によって削減できた二酸化炭素の量が事業主の炭素排出削減量に還元されるＣＤＭ（クリーン開発メカニズム）事業が検討中である。

火と宗教

火はさまざまな形で宗教と関わってきた。というよりも、自然崇拝の対象としての火や山、水などが、次第に生き物と結びついて神格化され、それが宗教的思考や行動の中に取り込まれ、利用されてきたと考えるのが正しいように思う。火と宗教との関係は、人類の思想や社会構造の深化としてとらえることができるからだ。火の場合、その起源は人類が火を使い始めた頃、焚火の火の崇拝にまで遡るだろう。暗黒を照らし、野獣や悪霊などの危険から守ってくれることから、火には悪を駆逐する働きがあるとして信仰されてきた。

人類が行った宗教的な思考や行動が確認できる最も古い証拠は、死者の儀式的な埋葬といわれ、その起源は人類の共通祖先がアフリカを出る以前にまで遡る。死者を弔い、また、死者の霊を迎え、送るときに火がともされるなど、火が重要な役割を果たすのは、世界の宗教や土地の習俗に共通している。このような霊的存在への信仰は、シャーマニズムと併せて宗教の原始的形態といえる。

シャーマンの入巫（にゅうふ）儀礼にも火が登場する。シャーマンとは霊や神霊、精霊、死霊などの超自然的存在と交信する能力を有する人のことである。シャーマニズムが典型的な形で発達した中央・北アジアでは、シャーマンになるには、厳しい訓練を受けたのち入巫儀礼の試練であるいくつかの関門を乗り越えなければならない。地方によって関門には若干の違いがあるが、内モンゴル地方の関門には火を入れた犂（すき）の上を歩いたり、火で熱した鏝（こて）を嚙んだりする火の試練があり、火がシャーマンの入巫儀礼に必要不可欠な条件となっている。以上のように、火は超自然的神聖性と巫的能力を有し、俗から聖に変わる主要なしるしと試練方法とされる。火に焼かれることによって試練を完結でき、神化を遂げると考えられているのだ。

やがて、世界中に拡散した人類は定住生活を始め、紀元前四〇〇〇年から三〇〇〇年にかけて本格的な文明が、エジプト、メソポタミア、インダス、黄河地方に芽生えた。それらに続いて、パレスチナ、小アジア、イラン、ギリシア、ローマにも古代文明が開化した。これらの文明はいずれも祭政一致を原則として宗教を中心に形成された。このときの宗教は、自然界の諸力を神格化したさまざまな神々を崇拝する自然神的多神教である。

強大な中央集権国家が成立したところでは、専制支配を神の意志に基づくものとして正当化を図るようになる。為政者が神の代理者となったり、神そのものとなったりして祭政一致の神権政治が進められた。宗教は社会的、政治的安定を維持する手段として、より専門化した組織宗教へと変貌していった。その中で火は神の力を誇示する手段として利用された。

旧約聖書の出エジプト記、レビ記、民数記、申命記には、古代イスラエルの部族の統合に関わった歴史的な民族、宗教的指導者モーセの生涯が書かれている。出エジプト記では、モーセが率いるイスラエルの民がエジプトを出てカナンの地に向かったとき、神が先頭に立って進み、昼は雲の柱をもっ

図2－1　不動明王

て彼らを導き、夜は火の柱をもって彼らを照らした。また、民数記では、信仰を忘れたイスラエルの民が神の罰を受け、火の燃え盛る割れた大地の中に落ちていった。仏教では、仏陀が異教徒に自らの神通力を示した「舎衛城での奇跡」の中に、身体の上部と足元から炎と水が噴き出す「双神変」の逸話がある。

密教（真言宗、天台宗）の不動明王は迦楼羅焔と呼ばれる炎を背負っている（図2－1）。その働きは浄化であり、人間界の煩悩や欲望が天界に波及しないよう烈火で焼きつくすのだ。その起源はインドのヒンドゥー教シヴァ神にあるとされている。ヒンドゥー教の起源は、天、地、太陽、風、火などの自然神を崇拝するヴェーダを聖典とするバラモン教である。

古代のユダヤ教やキリスト教は、火を崇拝するヒンドゥー教やゾロアスター教などとの差別化を強調するため、火の崇拝を遠ざける態度がとられた。しかし、古代ローマ人やゲルマン人、ケルト人がキリスト教に改宗すると、火の神を祀った祭壇の前で家の主人が日々の儀式を執り行う古代ローマのように、土地の火の風習がキリスト教の信仰の場に持ち込まれた。キリスト教徒の家には古代ローマ人の家の祭壇と同様、燃え続ける火が置かれ、教会の礼拝式でも火がともされるようになった。

一方、キリスト教で火は地獄や煉獄の象徴としても扱われた。これは、キリスト教がヨーロッパに広まった後、十字軍の時代に起こったことである。魔女の迫害や異教徒の火刑などにも用いられた。仏教でも火は地獄の象徴の一つとして扱われている。

火の儀礼

火祭り

日本にはさまざまな火祭りがある。日本の場合、火そのものではなく、燃やす、焼く行為が神仏に関わって宗教的な役割を負っている。

第1章で述べた鑽火(きりび)は神聖な火をつくり出すための儀礼である。京都八坂神社の白朮祭(をけらさい)では、前年の暮二八日に火鑽器で鑽(き)り出した火を白朮火として元旦に使用する。参詣者は白朮の根を加えて大(おお)篝(かがり)に移した火を火縄に受け取り、家に持ち帰り元旦の雑煮を炊く。浄火で炊いた雑煮で祝って新年

図2－2　左義長の神事

の疫病の厄を払うのだ。神棚や仏壇に鑽火を行い、蠟燭に灯をともすのは不浄を焼き払う意味がある。また、仏教では、蠟燭の火は無明の闇を照らす灯明の意味もある。キリスト教で蠟燭の火は聖霊の象徴であり、純化と熱意を表す。

正月に門松や注連(しめ)飾りによって出迎えた歳神を、それらを焼くことによって炎とともに見送る左義長（どんど焼き、図2－2）は小正月の火祭り行事で、日本各地で行われる。

冬至、夏至や春分など、太陽に関係のある季節に火を焚き、供え物などを供えたり焼いたりする火祭りの農耕儀礼は日本各地にみられる。春を告げる東大寺二月堂の修二会（図2－3）、阿蘇神社の火振り神事（図2－4）、東北の竿灯やねぶたの七夕祭りなどは有名である。修二会は奈良時代に実忠和尚によって始められたと伝えられ、その達陀(だったん)妙法の火祭りがゾロアスター教の拝火儀式

図２－３　東大寺二月堂修二会のお松明

図２－４　阿蘇神社の火振り神事

に似ていることに着想を得、松本清張は小説『火の路』を執筆している。北欧の国々で行われる夏至祭でも火が焚かれ、踊りを踊ったり、焚火を越えたりして人々は短い夏を火とともに喜び合う。

春から夏にかけては虫送りという行事がある。田畑に害虫が発生したときに火を焚いて駆除したのが習わしとなった虫送りは、害虫に見立てた藁人形を先頭に松明行列が村境まで送っていき、最後は塚の上で燃やして虫の神を送り出す。また、山の一番高いところで火を焚き鉦（かね）や太鼓を鳴らして大騒ぎをし、日照りの神を送り出す雨乞いの風習は日本各地でみられるものだ。

火に関係のある鑽火器や竈などの道具、あるいは火を象徴する溶鉱炉などを神体として祀る火の神の崇拝儀礼もある。第２節で述べた荒神や、火災を防ぐ鎮火祭、火伏の行事などはその一例だ。

死と霊

日本には縄文時代前期から人の遺体や遺骨を焼く行為があった。日本最古の遺跡は、岡山市灘崎町彦崎貝塚にある。それ以外にも、縄文、弥生時代の焼人骨の出土例は日本各地に見られ、六〜七世紀のカマド塚からも焼いた遺骨が出土している。七世紀から九世紀になると火葬した後、遺骨を砕いて散骨する方法と拾骨、納骨する方法が併行して行われるようになる。火葬の習俗が宗教と関係を深めたのは、仏教の無常観や舎利信仰と結びついた一〇世紀以降である。

世界にはさまざまな葬儀の習俗がある。その中でも火葬は最も積極的な死体の処理方法である。日本で古くから火葬が普及したのは、温暖で湿気が多く、ものが腐敗しやすい気候のため、死体を早期に焼くことで腐乱を避ける意味があったのかもしれない。また、日本には死体と死霊を恐怖と忌避の対象とする怨霊思想がある。火葬は、死と死霊に対し、それを正面から克服しようとする方法である。遺骨は火によって浄化され、聖化されたものとみなされた。さらに、遺骨を砕いて粉にして撒くことにより、鬼物が憑いて祟りをなすことがないと考えられていた。また、出棺の際に門火を焚く風習は死霊が二度と家に帰ってこないための別れの火であり、野辺送りの行事では松明が先導して魔払いし、辻々には蠟燭がともされた。

今でも、お盆などに死者の霊を迎えるときには迎え火が焚かれ、帰るときには送り火を焚いてあの世に送り届ける風習が残っている。自分たちが夜道を明かりなしに歩くのはつらいので、目に見えない神様や霊もすべて同じだろうという考えがあり、盆に遠くから家のご先祖様が帰って来られるにも火を焚いて迎えなければならないという心持ちが普通であったのだろう。空を来る神霊を案内するため、柱松といって、非常に長い柱のような松明を立ててお迎えした。灯籠が発明されると、明かりをできるだけ高い竿の先に釣り上げる高灯籠ができ、新盆の家は必ず高灯籠を立てて先祖の霊を迎えた。

死者の霊を送るとき、灯籠に火を灯して川に流す灯籠流しの風習は日本各地に残っている（図2－5）。魂送りのときは、先祖の霊以外にほかの無縁仏がいると思われるので、ことに灯火をにぎやかにして送った。薄い板の上に蠟燭を立て、風で消えぬように紙で覆いをかけて川上から無数に明かりを流す、東京隅田川の流灯会が、また、宮城県松島の瑞巌寺でも同じように松島湾の島々の間に火を流す流灯会が有名である。ほかの地方では精霊送りといい、小舟に盆の供物を乗せ、火をともして水

図2－5　灯籠流し

に流す。方法はまったく異なるが、京都五山の送り火も有名である。

火の習俗

火がもたらす恩恵と厄災との二面性は、新と旧、浄と穢れ、神と人、異界と現生など、二つの異なった項の間を火が媒介するものとしてとらえられ、火には俗塵を焼き払い聖別する力があると信じられていた。捻木（ねじき）や藁屑、果物の種子をくべないなど、火にはさまざまな禁忌や作法があり、不浄な行為を避け、常に清浄に保たれた。

家族生活の中心をなす火は日常性そのものの象徴である。この火は家族生活の要として家族の生命を守り、家の安寧な存続を保障するものであり、家族は同じ火で調理されたものを通して、生活を共にする人々の絆を強めた。しかし、安定した日常性も、知らぬ間に外部から穢れを持ち込まれたりして穢れや厄災の危機にさらされ、また日々の繰り返しの生活の惰性から、その秩序は倦み衰退していく。そこで、誕生、婚姻、葬儀などの人生の節目や、一年の生活の中で定期的にまたは時に応じて、古い秩序や身分、死や病気といった穢れや厄災を払って、新しい秩序や身分を創出する儀礼が必要となる。人生の節目や季節の節目には古い秩序を象徴するものとして火は積極的に消され、新たな火が鑽り直された。出産の場合も、神棚や産室に松明を上げ、子どもが生まれると、産飯を炊いて産神に供え、産婆や周りの女性に食べてもらう。

　火は穢れに敏感なものとされた。生と死の穢れにより、別火や隔離（別々に食べる）などの風習が生まれた。火を通して穢れが広まらないためである。火は忌に通じ、穢れは火を媒介にして感染するとされ、月経や出産に伴う穢れ（赤不浄）や死の穢れ（黒不浄）など血忌や死忌のある場合には、敏感で神経質なところがあった。とくに、共同飲食における同火と別火に中世の人は大変注意を払った。葬儀のあった家の食物を食べると穢れるといって避け、月事や出産のあった女性は一定期間別小屋にこもって家族とは別の火で調理したものを食べて、穢れがほかに及ばないようにした。忌の期間が終わると、身を清めて日常に戻る合火の儀礼を行った。同時に、竈の火をほかの集団と別にすることは聖俗を区別する重要な行為でもあった。前節で述べた正月用の竈などはその一例である。

　先に述べた火祭りの火も同様だ。北口本宮冨士浅間神社と諏訪神社で行われる火祭りは、清浄であることが求められ、不浄を避ける習慣がある。とくに、死忌の穢れには敏感で、家に不幸があることを「ブクがかかる」といった。ブクの家の者は火祭りの神輿や火を見ることを避けなければならず、ブクの年の火祭りには泊まりがけで町の外の親戚の家や旅行に出かける。これを「テマに出る」といい、近所の家からその家に対して、テマ見舞いとして、うどん粉やそば粉などをタマアブチという漆器桶に入れて贈られた。テマに出るときに着ていく着物を「テマ着」とも呼んだ。また、町から逃げずに家にこもって火祭りをやり過ごすこともあり、これを「クイコミ」といった。テマに出た人は火祭りが終わった日の朝には帰ってくる。

他家に贈答品を送るときには熨斗鮑（のしあわび）や付木を添え、穢れたものでつくったものではないことを証明する。この風習は現代にも受け継がれていて、熨斗紙の右上にある小さな飾りがまさに熨斗鮑だ。自家の神仏に供えるときも、火打石で火を鑚りかけ、清浄な火で調理したものであることを表した。神には清浄な火で調理した熟饌（じゅくせん）を供え、祭りの後の直会（なおらい）で供え物を下して神人共食をした。同じ火で調理したものを食べることで、神人合一を遂げようとしたのである。

第3章

戦いの火

神災人火

神災（しんさい）とは、落雷など、天からもたらされる火のことであり、山火事などを引き起こし災いをもたらす、人にとって恐ろしい、畏怖の対象である。同時に、穢れを排除する神聖なるものとして理解されていた。人火とは付け火である。人火はしばしば神災とすり替えられた。あるいは、神災の名のもとに火が放たれたこともある。奈良時代後期、神災と称して官物が納めてある正倉が焼かれる人火が相次いだのである。当時の人々は、これを神災人火と称し、神火と呼んだ。律令制が崩壊していく中で、班田収授の弛緩、中絶が始まった時期に国司らによって仮託された人火もある。

人は、歴史に記録が残っている以前から戦いを繰り返してきた。そして、戦いにはしばしば火が用いられた。火は人にとって身近な存在であり、かつ、絶大な破壊力をもつ。戦いの武器として利用さ

図３－１　トロイア戦争でアカイア軍がつくった木馬の複製

れても不思議はない。旧約聖書創世記にソドムとゴモラの悪徳の町が神の怒りの火で消滅する話があるが、これは、紀元前三一〇〇年頃に小惑星が地球に落下した出来事と関連があると考えられている。これに関する最古の記録は、紀元前二二五〇年頃、アッカドによって滅ぼされたシリア北部の国、エブラの宮殿から見つかった楔形文字の粘土板である。この粘土板には、旧約聖書の創世記に関する記述もあるという。古代イスラエル人が語り継いできた戦いの記憶が、神の怒りの火として記録されたものと思われる。

さらに、紀元前一三世紀頃、イスラエルの部族を統合した民族的、宗教的指導者モーセもカナンの地で周りの部族と戦いを繰り返した。戦いには火も用いられ、ミデアン人の集落は神の教えに従い、火で焼き払われた。

ギリシア神話に出てくるギリシアとトロイアの

戦争では、強固な城郭に囲まれた街に籠城したトロイアを攻めあぐねたギリシアのアカイア軍が一計を案じ、兵を潜ませた巨大な木馬（図３－１）をつくり、城郭の外に置いた。トロイアはこの策略にかかり、木馬を城郭の中に入れてしまう。難なく城内に侵入したアカイア兵は街に火を放ち、一〇年間不落だった城が一夜にして陥落した。この話は紀元前一二〇〇年代の中頃、ミケーネ文明期の出来事が伝説化されたといわれている。

日本の神話にも争いに火が使われた話がいくつかある。ヤマトタケルが相模の国で火攻めに遭うが、草那芸之太刀（くさなぎのたち）で草を刈り払い、火打石で迎え火をつけて敵を焼きつくした。また、根の国を訪れた大国主は素戔嗚尊（すさのおのみこと）に野中に誘い出され、火を放たれるが、ネズミに土の中に隠れるように言われ、土中に潜って火をやり過ごした。

また、山梨県富士吉田市の火祭りが行われる諏訪神社の起源伝説に、『古事記』によると、神社の祭神、建御名方神（たけみなかたのかみ）が国譲りの力比べに負け、科野国（しなののくに）（信濃）の洲羽海（すわのうみ）（諏訪）に追い込まれたときに、土地の者に命じて無数の炬火（たいまつ）を燃やさせたところ、寄せ手は援兵と見て囲いを解いて去った。これが七月二一日の夜だったことから、諏訪明神の例祭としてこの日に町中で篝火を焚く（た）、とある。

戦いに神が関わるのは、時の支配者が自らの行為を神の意志に基づくものとして正当化したためであり、火はそれを誇示する手段として利用された。やがて、キリスト教やイスラム教のように宗教が組織化され専門化されると、宗教の違いによって対立が起こるようになり、しばしば戦いの火種となった。

火の武器

銃器

火を使った武器は、火矢、火のついた粗朶（そだ）や石を投石器で飛ばすなど、古代からさまざまな種類が考案され、使われてきた。紀元前四三一年から四〇四年にかけてアテネとスパルタで争われたペロポネソス戦争では、争いがギリシア全土に広がり、ギリシアの各都市を巻き込んだ。スパルタ軍がアテネの北プラタイアの町を七〇日間にわたり攻めたときには、粗朶と松明、硫黄、石油や植物からつくったタール状の樹脂を町の城壁の中に投げ込み、町を焼き払い攻略した。

六七四年から六七八年にかけて、東ローマ帝国の帝都コンスタンチノープルを包囲したウマイヤ朝カリフのアラブ軍の軍船に、城に立てこもった東ローマ軍はギリシアの火を放った。一種の火炎放射器で、松油と硫黄、生石灰を混ぜたものを筒から放射し、発火させるのである。そのしばらく後、中国の唐王朝で激しく燃える粉末が発明された。硝石に硫黄と木炭を加えたもので、黒色火薬と呼ばれた、火薬の起源である。宋の時代、黒色火薬は戦いに広く用いられた。はじめは火薬を詰めた球や筒を投石器で飛ばしていたが、一二世紀前半には炎を吹き出す筒（火炎放射器）が、一三世紀にはロケットが考案された。一四世紀初めには青銅製の大砲がつくられている。火薬が強力な武器となるためには材料の進歩が必要だった。ロケットは火薬の燃焼による反動で動作するから圧力は上がらず比較的安全である。子どもが遊ぶロケット式花火にも使われている。これに対し、鉄砲や大砲は火薬の燃焼によって筒の中の圧力が上昇し、そのピストン作用で弾が飛び出す。筒には圧力に耐えられる強度が必要だった。

中国で発明された黒色火薬と火器は一二世紀にはイスラム世界に伝わっており、イベリア半島でキリスト教国との戦いに使用された。ヨーロッパに伝わったのは一三世紀中頃で、鉄砲も同じ頃に伝わったと考えられている。一五世紀になると、ヨーロッパでの戦いは鉄砲が主流になった。

日本では一五四三年、種子島に漂着したポルトガル人が鉄製の火器を持っていた。鉄砲の伝来である。同島の領主、種子島時堯（ときたか）はさっそく家臣にその火器の製作を命じた。種子島は砂鉄の産地であり、古来、小規模ではあるが鉄の生産があったところなので、地元の鍛冶（かじ）職八板金兵衛によってただちに製作が始められた。そのとき、火器の構造の研究や火薬の調剤に当たったのが篠川小四郎であった。戦乱の世のため、鉄砲は各地の大名から続々と注文があり、鉄砲鍛冶の技術は全国に広まった。なかでも有名なのが、種子島の八板金兵衛、紀伊国の芝辻清右衛門、近江国の国友鍛冶などである。

鉄砲を使った戦術で最も知られるのが織田信長である。信長もこの新兵器に興味をもち、元亀元年（一五七〇）、朝倉・浅井の連合軍を、鉄砲を用いて江北の姉川に破り、その威力を確認した。続いて、天正三年（一五七五）、越前一向一揆を平定し、石山本願寺を追いつめた。また、同年の長篠の戦いでは、織田・徳川連合軍によって初めて鉄砲の集団的射撃法が採用され、足軽たちの放つ三〇〇〇丁の鉄砲が甲州流の軍学で鍛えた武田の軍勢を打ち破った。この戦いがきっかけとなり、その後の戦闘法が急速に改革されていった。九州に遠征した羽柴秀長が島津義久と戦った折も、鉄砲の数が勝敗を分ける有力な要因となっている。しかし、この頃の鉄砲は高価だった。小型の六匁（二二・五グラム）玉銃で米九石、三〇匁（一一二・五グラム）玉銃だと米四〇石したので、これを一〇〇〇丁程度そろえるのは各大名とも大変なことであった。

一七世紀になるとヨーロッパでは、点火方式がそれまでの火縄式から火打ち式に変わった。弾丸の装塡も、銃口から装塡する前装式から後装式になった。銃身の内部に溝を切り、命中度を高めたライフル銃が普及したのはアメリカ独立戦争のときである。一八五八年には、火薬と弾が一体となった金属薬莢を使用したリボルバー式拳銃が開発された。それまでは、一発分の弾丸と火薬を紙で包んだ紙製薬莢だった。

大砲

一四世紀に中国でつくられた大砲も一五世紀にはイスラム世界を経由してヨーロッパに伝わり、戦いに用いられるようになった。七〇〇年もの間、ギリシアの火に守られてきた東ローマ帝国の帝都を陥落（一四五三年）させたのは、オスマン帝国のつくった重さ三〇〇キログラムの石を飛ばす巨大な大砲である。初期の砲弾は火薬が充塡されておらず、炸裂はしなかった。当時の黒色火薬は炸薬に用いるには安定性が低く、信頼性のある信管もなかったためである。

炸裂する砲弾が用いられるのは、中国で一五世紀初め、ヨーロッパでは一六世紀中頃である。石や鋳鉄でできた中空の砲弾に火薬を詰めたもので、時限式信管の役目を果たすゆっくり燃える部分と激しく爆発する部分があり、発射時の火がゆっくり燃える信管部分に燃え移り、一定時間後に爆発する仕組みになっていた。しかし、実際には信管に火がつかないこともあり、炸裂までの時間をうまく調節できないことも多かった。その後、砲弾にはゆっくり燃える火薬を詰めた鋳鉄または銅製の時限式信管が装備された。しかし、砲弾の発射時に信管に着火する可能性よりも、砲手が信管に点火してから砲弾を発射するほうが、信頼性が高かった。ライフル砲が実用化されたのは一九世紀後半である。ライフル砲が使われるようになると、砲弾はこれまでの球形ではなく、先のとがったシイの実型になった。

日本で大砲が使われるようになったのも戦国時代である。『大友興廃記』によると、大砲は天正一四年（一五八六）以前に九州豊後に伝わり、同年臼杵丹生島の戦いで初めて使用されている。国内でも、大石火矢とか大筒と呼ばれ、鉄砲とともにつくられ始めた。羽柴秀吉も、二〇〇匁（七五〇グラム）の大筒二門をつくらせ信長に献上しており、徳川家康は関ヶ原の役の前に大筒一五門を国友鍛冶につくらせている。東京靖国神社境内にある慶長一六年（一六一一）芝辻理右衛門作の大筒は、口径九センチ、長さ三一三センチ、一貫五〇〇匁（約五・六キログラム）玉を発射するものである。

戦国時代に造られた大筒は鋳造ではなく、鉄板を円筒状に多層貼り合わせてつくった鍛造品である。嘉永六年（一八五三）、ペリーが伊豆下田に来航した折、外国の脅威にさらされた幕府は、江戸防衛のため品川沖に台場を築造し、大砲二八門を配備した。この大砲は、全長三・五メートル、重さ三・

五トンの鋳鉄製で、二四ポンド（約一一キログラム）の弾を発射するものである。

ところが、過去に積み重ねてきた軍事技術は徳川幕府の政策により途絶えていた。この頃になると、技術としては最新の反射炉（第4章3節参照）を使って鋳造してもなかなかできなかったのである。それより三〇〇年も昔の戦国時代につくっていた技術水準は驚くべきものである。

火薬爆弾、そして原子爆弾

一八六六年、スウェーデンのアルフレッド・ノーベルはニトログリセリンを珪藻土に染み込ませた高性能爆薬、ダイナマイトを発明した。ダイナマイトは破壊力、安全性ともに非常に優れた火薬であり、工事現場や鉱石掘削に広く使用されるようになった。この発明をきっかけに、新しい火薬の開発が活発になった。

一八八六年、フランスのポール・ヴィエイユが、ニトロセルロースをエーテルとアルコールの混合液でゲル化した無煙火薬を発明した。一八八九年には、イギリスのフレデリック・アーベルとジェイムズ・デュワーがニトロセルロースとニトログリセリンに安定剤のワセリンを添加し、アセトンで練って粒子状に加工したコルダイト火薬を発明した。重量当たりの爆発威力が高いのが特徴である。一九〇六年にドイツのフリッツ・ハーバーとカール・ボッシュが窒素からアンモニアを合成するハーバー・ボッシュ法を開発し、これまで硝石に頼っていた火薬の原料が、空気中の窒素から大量に合成できるようになった。これによって、火薬の主流は黒色火薬から無煙火薬に代わり、コルダイト火薬が近代的な火薬の主流になった。

一九三八年、ドイツのオットー・ハーンとリーゼ・マイトナーによってウランの核分裂反応が発見されて以来、当時の物理学者たちは核分裂を利用した兵器の実現可能性を認識するようになった。同年、ナチスがチェコスロバキアに侵攻し、翌年ポーランドに侵攻して第二次世界大戦が勃発すると、ヨーロッパの物理学者たちは差し迫った危機を避け、アメリカへ渡っていった。ナチスが独自に原子爆弾開発計画を始めていることを懸念したアメリカは一九三九年、核兵器の開発可能性についての研究に着手し、一九四二年からマンハッタン計画として本格的な開発が始まった。物理学者ロバート・オッペンハイマーによって指揮されたこのプロジェクトにはアメリカの工業力と科学力の粋がつぎ込まれ、世界中の優れた科学者を研究・開発の両面に巻き込んでいった。その中にはヨーロッパから亡命した物理学者たちが多数含まれていた。一九四五年七月、アメリカのニューメキシコ州アラモゴード軍事基地近郊の砂漠で原子爆弾の実験に初めて成功した。続いて、八月には広島と長崎に原子爆弾が投下された。火薬爆弾は物理的にものを破壊するが、原子爆弾はそれに加えて、放射線により生物の細胞そのものを死滅させる。死滅をまぬがれた生物でも細胞の遺伝子が傷つけられ、その影響は子孫にまで及ぶ。その後、ソ連、イギリス、フランス、イスラエル、中国、インド、パキスタンで原子爆弾がつくられた。

二〇〇九年四月五日、アメリカのオバマ大統領がプラハでの演説で核廃絶の実現を訴えた。しかし、世界にはいまだに一万五〇〇〇発を超える核兵器が存在し、北朝鮮では依然として開発が続いている。

火を用いた兵器は、繰り返された戦いのたびに新しいものが考案され使われてきた。そして、それはついに人類を滅亡させるほど強力なものに発展してしまった。

一方、原子力の平和利用も進んでおり、二〇一六年一一月には日本とインドの間で原子力発電の輸出を可能にする原子力協定が結ばれた。

第4章

ものづくりの火

木炭

人と木炭のかかわりは古い。人が火を使い始めて以来である。三〇万年前にできた愛媛県の鹿ノ川洞窟からは、焚火(たきび)をした後に残るいわゆる「消し炭」ではない、加工した木炭と思われるものが人骨や石器類と一緒に発見されている。燃やしても煙や炎を出さず、薪に比べて火力の調節が容易で、火持ちがよく、軽くて保管や持ち運びしやすいといった木炭の特徴は古代人も知っていたと思われる。

弥生時代になり、鉄製の農耕具がつくられるようになると、鍛冶(かじ)に木炭が使われるようになった。当時の木炭は、掘った穴の中に木材を積み上げ、火をつけた後に土をかぶせて蒸し焼きにする伏炭法と呼ばれる方法でつくられた和炭(にこずみ)で、火付きがよく燃焼温度は高いのが特徴だった。しかし、古墳時代になると日本でも鉄の製錬が行われるようになり、また、暖房に木炭が使われるようになると、火付きよりも火持ちのよさが求められるようになり、炭窯（すみがま）で焼く荒炭（あらずみ）がつくられるようになった。木材にも硬質のクヌギ、ナラ、カシが用いられた。平安時代になると、空海が唐から伝えたとされる、和炭や荒炭を炭窯で二度焼きした炒炭（いりずみ）がつくられた。この当時の木炭は炭焼きの最後の段階で窯の口を開けて空気を入れ、高温にしてから外に出し、灰をかけて消火する窯外消火法による白炭で、火付きは悪いが火持ちのいいのが特徴だった。

鎌倉時代以降、木炭の需要が増え、炭焼き専門職や農業の副業としての炭焼きが商売として確立し、同時に炭を商いする炭商も登場した。室町時代になり、茶の湯が盛んになると、より質の高い木炭が求められるようになり、窯が冷えてから外に出す窯内消火法が開発され、軟質で火付きのよい黒炭が生み出された。代表的な黒炭には椚炭（くぬぎたん）がある。広葉樹のクヌギを焼いたもので、臭いも少なく、茶道で使われる黒炭の最高級品である。火鉢、暖房、調理にも適している。椚炭には大阪の池田炭、千葉の佐倉炭などがある。

江戸時代になり、南紀州の熊野地方で平安時代から焼かれていた熊野炭（ゆうやたん）を、名前の由来になっている炭問屋の備中屋長左衛門が改良し、備長炭が誕生した。紀州藩が藩をあげて製炭業を保護、育成したこともあり、紀州備長炭は現在に至るまで高い品質を誇っている。

また、鉄砲が伝来すると、木炭は黒色火薬の原料として重要になった。火薬用の炭には、キリ、ヤナギ、ハンノキ、ウメモドキ、ヤマナラシの若木が用いられた。

明治時代になると、紀州藩の炭の専売もなくなり、日向炭、土佐炭など高品質な木炭が各地で生産されるようになった。一般家庭でも料理や暖房の主燃料として使われたが、ガス、石油、電気が普及する一九五〇年代後半以降、その需要は減少し、生産量も一九五〇年の約二二〇万トンから二〇一三年には約二・三万トンに落ち込んだ。

炭の用途は広い。炭を粉砕した粉は黒色顔料や研磨剤として広く用いられている。また、黒く見える炭には細かいパイプ状の穴が無数にあり、そこに有害物質や臭いの物質を吸着する性質がある。その性質を利用して消臭剤、除湿剤として用いられている。とくに、ヤシ殻からつくった炭を水蒸気と反応させてつくった活性炭はその穴が多く、吸着力が強いので冷蔵庫の消臭剤や浄水器などに用いられている。また、その穴に微生物が住み、吸着した有害物質を分解して無害化し、自然に戻してくれる微生物培養装置（バイオリアクター）としても使え、環境浄化に利用されている。

さらに炭は電気を通すことから、リチウムイオン電池や燃料電池の電極材料として、電気自動車や燃料電池車にも用いられ、未来のエネルギー利用の中核を担う材料の一つとして期待されている。

土器、陶磁器とガラス

土器と陶磁器

土器の製作が始まったのは、およそ二万年前といわれ、中国中部の江西省万年県の洞窟から土器破片と考えられる粘土焼成片が発見されている。日本でも、青森県蟹田町の大平山元遺跡から、一万六

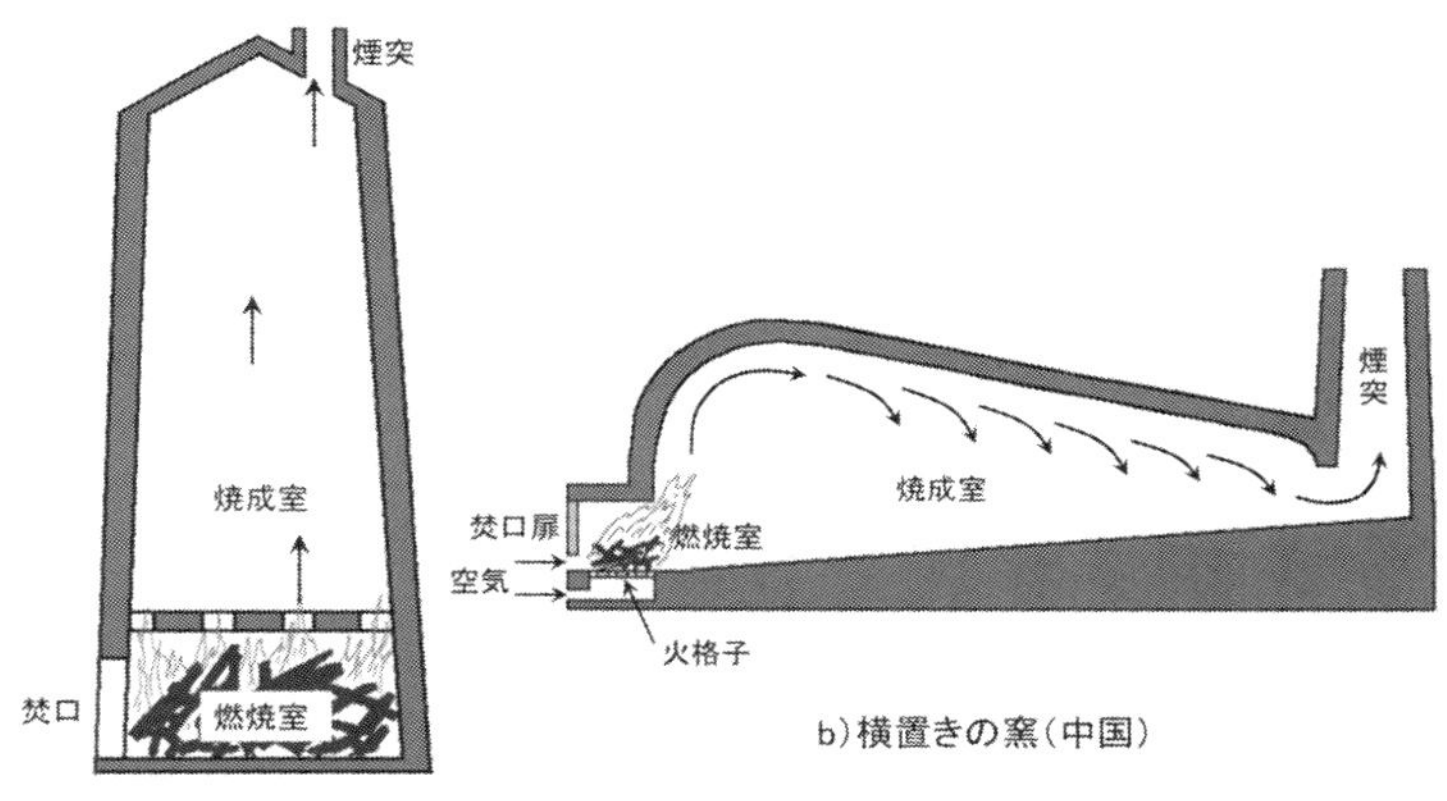

図4－1　古代エジプトと中国の陶器を焼く窯

五〇〇〇年前の土器が出土している。これまで、大きな岩を火で熱して割ったり、丸太を火で焼いてからくりぬいたりといったことで火を利用したことはあったが、人が火を使って物をつくり出したのは土器が初めてである。

中期旧石器時代（三〇万年前以降）から火の使用に炉が伴うようになり、炉の周りの土が焼けると固くなることは、土器がつくられるかなり以前から知られていたと考えられる。粘土はおよそ六〇〇℃程度に加熱すると、焼けて固くなるので、地上に粗朶（そだ）を積み上げて燃やした焚火程度の火の中に入れれば土器をつくることができる。土器がつくられるようになったきっかけは、定住生活が始まり、稲や小麦など、でんぷん質の植物を煮炊きする必要が生じたことと関係が深いと思われる。

焚火程度の火では温度を高くできないので、のちに土器を焼く本格的な窯が登場する。古代エジプトやメ

図4－2　登り窯

ソポタミア、古代ギリシアの土器や陶器が焼かれた窯は、燃焼室と焼成室が上下に重なっていて（図4－1a）、底で燃やした炎が上に並べた土器を焼く構造だ。この方式だと土器が燃焼ガスの流れの中にあるため、土器から熱の一部が奪われ、焼成温度は八〇〇～一〇〇〇℃前後である。

一方、中国、日本、朝鮮などで発達した窯は、燃焼室と焼成室が横に並んだ構造で、燃やした炎が斜めに走って、横に並べた土器を焼く（図4－1b）。傾斜地などに設けた登り窯（図4－2）がその一例で、この方式だと土器と燃焼ガスの流れが分離され、かつ炉の天井からの輻射熱が使えるため、熱効率がよく、温度が一三〇〇℃程度まで上がり、土器より高い温度が求められる磁器の焼成ができる。

古くから農業が発達したメソポタミアでは、紀元前六〇〇〇年頃から土器がつくられ、イラン高原では紀元前四〇〇〇年頃から彩文土器がつくられている。釉（ゆう）

a）彩陶

b）灰陶

図4－3　中国の土器（a:Zhangzhugang. 2014. 鱼紋彩陶盆、b:Siyuwj. 2016. 二里头出土灰陶鼎。ともに Wikimedia Commons より）

薬（やく）を付けた陶器が焼かれるのは紀元前一七〇〇年頃である。エジプトでも紀元前四〇〇〇年頃から土器がつくられていた。

地中海のクレタ島では紀元前三〇〇〇年頃から土器がつくられ、紀元前一七〇〇年頃から陶器の製作が行われた。紀元前六世紀につくられた古代ギリシアの陶器には当時の生活や文化が黒色や赤色で描かれている。

中国では、紀元前五〇〇〇年頃から黄河流域で土器の製作が行われ、稲作農業の発展を受けて、かなり精巧な土器がつくられ、仰韶（ぎょうしょう）文化期（紀元前五〇〇〇〜三〇〇〇年頃）には彩陶や灰陶がつくられている（図4－3）。彩陶は幾何学模様を特徴とし、儀式などの祝い事に用いられた仰韶文化を代表する土器である。普段の生活に用いられた粗製の灰陶は三足土器を特徴としている。竜山文化期（紀元前二九〇〇〜二〇〇〇年）に盛んにつくられた黒陶は磨き上げられた薄手の土器で、製作には轆轤（ろくろ）が用いられた。轆轤の発明は造形の幅を広げるとともに生産性を向上させる画期的なことだった。

この技術は、長江（揚子江）流域の良渚文化（紀元前三五〇〇

図4－4　窖窯（あながま）

〇～二〇〇〇年）の土器や東南アジア各地の土器に影響を与えた。

中国・殷時代中期の紀元前一五世紀から一四世紀には陶器が焼かれ、紀元後間もない後漢時代初期には精選した陶土（カオリン）を原料とした磁器がつくられるようになった。この粘土は鉄分を含まず、焼くと白くなるのが特徴である。一〇世紀末から一一世紀にかけての北宋時代に景徳鎮で焼かれた青白磁と定窯で焼かれた白磁は、現代に至るまで最高傑作といわれている。

日本でも土器の製作は縄文時代に始まった。撚糸（よりいと）を土器の表面に回転させてつけた多様な模様がみられる。窯を使わず、野外で焼かれた。この方法では温度が低く酸素が多いため素地の中の鉄分が酸化されて赤くなり、焼成された土器は赤褐色で比較的軟質である。土器の製作に窯が使われるのは古墳時代（三世紀後半）以降である。大陸から伝えられた新しい製陶技術により、轆轤で成形し、丘陵の斜面にトンネルを掘って築かれた窖窯（あながま）（図４－４）によって、一〇〇〇℃以上の

図4－5　有田焼、染錦花籠文皿（提供／有田陶磁美術館所）

温度で焼成した。そうしてできたものが須恵器と呼ばれている。須恵器は一酸化炭素や水素が多い還元炎で焼かれ、素地の中の鉄分が還元されて黒緑色を呈するため、器全体が灰黒色で、高温で焼かれているため堅い。盃、杯、碗、壺など、多くの種類がつくられた。

緑色の釉薬を使った施釉陶器が焼かれるようになるのは八世紀後半の平安時代である。緑釉陶器は人為的に釉薬をかけてつくった日本で初めての陶器である。釉薬には粘土や灰などを水に懸濁させた液体が使われた。釉薬の中のケイ酸塩が焼成時に溶け出してガラス質となり、陶器の表面を覆い、光沢が出る。また、金属成分が熱で化学反応を起こし、発色する。緑釉の陶器に次いで、緑、褐、白の三色の釉薬を用いた奈良三彩がつくられた。奈良三彩は唐三彩の影響を受けており、釉薬には緑釉と同じ低い火度で焼く鉛釉が用いられた。

磁器の製作は一七世紀初頭に始まった。文禄・慶長の役の朝鮮出兵のとき、朝鮮から陶工が帰化して始まり、佐賀県の有田で有田焼として発展した（図4－5）。白磁に赤、黄、緑、青の繊細な絵付けが特徴である。製作が始まった五〇年後には有田の磁器はヨーロッパにも輸出され、貿易港から取った伊万里焼の名で高級品として珍重された。また、その絵付け手法はヨーロッパの窯業に大きな影響を与えた。一八世紀になると、有田地方に限られていた磁器の製作技術が各地に広まり、京都、九谷、砥部、瀬戸などで盛んに磁器が製造されるようになった。

ガラス

ガラスの製造は、紀元前二五〇〇年以前、メソポタミアやエジプトで砂のシリカ（二酸化ケイ素）の表面を溶かしてビーズをつくり、金などと組み合わせて装飾具として使われたのが始まりといわれている。しかし、当時ガラスは、主に陶磁器の材料として用いられていた。その後、植物の灰や天然の炭酸ソーダとともにシリカを熱すると融点が下がることが知られ、紀元前一六世紀には、メソポタミアで溶融によるガラスの加工が行われるようになった。現存する最古のガラス容器は、紀元前一五世紀のエジプト一八王朝トトメス王三世の時代のものである。

当時のガラスは、植物の灰の中の炭酸カリウムを二酸化ケイ素と融解して得られるアルカリ石灰ガラスが主体である。まず、植物の灰と原料の砂を坩堝（るつぼ）に入れ、比較的低温（約七五〇℃）で、フリットと呼ばれるガラス質の粉をつくり、その粉を着色用の金属とともに一一〇〇℃以上で溶かしてガラ

a）コアガラス

b）モザイクガラス

c）宙吹きガラス

図4－6　古代のガラス（a:Walters Art Museum. B.C. 1450-1350. “Malqata Kateriskos” Vessel b:Marie-Lan Nguyen. 2006. Mosaic cup　c:Daderot. 2013. free-blown glass。すべて Wikimedia Commons より）

スを製造する。成形は、溶けたガラスを粘土でつくった芯に巻きつけて容器の形をつくり、灰の中でゆっくり冷却したのち、芯をかき出して器をつくる、コア法と呼ばれる手法である（図4－6a）。紀元前四世紀から三世紀になると、さまざまな模様が描かれたモザイクガラスの欠片を張り合わせた器がエジプトでつくられるようになった（図4－6b）。当時のガラスは原料に不純物が多く含まれていたため不透明だった。透明なガラスが登場したのは、純度の高い原料が用いられるようになった紀元前七〇〇年頃である。

紀元前一世紀にシリア、イスラエルのレバント地方で宙吹き法が発明された（図4－6c）。この手法は現代でも使用されているガラス器製造の基本技法で、吹きガラスの一種である。宙吹き法は吹き竿を使ってガラスを呼気で薄く伸ばしてつくるため、コア法やモザイク法に比べて、同じ大きさの器をつくるのに必要なガラスの量が少なくて済む。これによって、安価なガラス器が大量に生産され、食器や保存用器として一般に用いられるようになった。この技法はローマ帝国全域に伝わり、ローマガラスと呼ばれるガラス器が大量に生産された。当時のローマ帝国は、現在のフランス、スペイン、ポルトガル、イギリス、ベルギー、ドイツ、オランダ、スイスの西欧諸国、オーストリア、ハンガリー、ブルガリア、セルビア、ギリシアなど東欧の一部、トルコ、シリア、アフガニスタンなどの中東諸国、エジプト、リビアなど北アフリカの地中海沿岸など、広大な地域を含み、これらの地域にガラスの製造技術が伝わっていった。また、この時期には板ガラスも製造されるようになった。その一方で、コア法やモザイク法によるガラスの製造は急速に廃れていった。ガラスの製造はローマ帝国滅亡後も、イスラムとヨーロッパ諸国で行われた。

ガラスの製造には大量の木炭が必要なため、何世紀もの間、その製造は主に森林の中やその周縁で営まれていた。しかし、近世になると鉄の生産も増大する。製錬にも大量の木材（木炭）が必要となり、製炭業が森の産業として発展していった。一方、一五世紀半ばから始まった大航海時代でも船の建造に大量の木材が使われた。木を巡ってガラス製造者と製鉄業者、そして木材業者の利害は対立し、争いが絶えなかった。

日本にガラス器が伝来したのは古墳時代である。その後、一六世紀まで、ガラス製品は大陸からの伝来品として珍重された。ヨーロッパとの貿易が始まると、ガラス製品は高級品として取引され、日本に持ち込まれた。飛鳥・奈良時代には国内でガラスの製造・加工が行われていたとみられている。勾玉などがつくられていた。

江戸時代初期、長崎でガラス工芸が始まり、その後、大阪、京都、江戸、佐賀、福岡、薩摩などに普及した。現在も東京の工芸品として愛されている江戸切子は、一八三四年から製造が始まったとされている。

銅と鉄

銅の製錬

土器の製作は、火の熱によって素材の粘土を高温にすることで、粘土の粒子が一部溶けて粒子同士が融着する物理的な作用を利用したものである。これに対し、鉱石から金属を取り出す製錬は、金属の酸化物や炭酸塩、硫化物である鉱石を、火の熱と燃料を燃やしたときにできる一酸化炭素や水素によって金属に還元する化学的な作用である。土器の製作と鉱石の製錬は、原理的にまったく異なる火の利用なのである。

銅の鉱石は山火事程度の条件で簡単に還元されることから、山火事の後、食べ物などを探しているときに金属に還元された銅を見つけることもあったと思われる。紀元前八〇〇〇年頃から銅を石でたたいて加工していたことが知られている。

銅の鉱石を製錬する技術は紀元前四五〇〇～三〇〇〇年頃までに地中海沿岸地方、中国、東南アジア、アメリカなどで独自に発達した。

銅の鉱石には、赤銅鉱、藍銅鉱、孔雀石や黄銅鉱、輝銅鉱などが主に用いられる。製錬が簡単なのは、酸化銅の赤銅鉱、炭酸銅の藍銅鉱と孔雀石で、最初に製錬に使われたと考えられている。それらの鉱石は、木材や木炭を燃やした一一〇〇℃程度の炉の中に入れると、一酸化炭素と反応して還元され、溶けた銅が炉の底にたまる。そのまま、炉の底の穴から取り出せば銅の鋳塊が得られる。黄銅鉱や輝銅鉱は硫化物なのでそのままでは製錬できず、まず空気を送りながら融解点以下の約八〇〇℃で焙焼して硫黄を追い出し、酸化銅にしてから製錬する。

銅は軟らかく、鋭い刃物をつくることはできない。しかし、ほかの金属と合金をつくると硬くなる。銅の鉱石には、銅よりも融点の低い錫（すず）、砒素（ひそ）、アンチモンなどの不純物を含んでいる場合が多く、そのまま製錬すると、融点が下がり製錬しやすくなると同時に、それらの金属が銅の中に残り、純銅よりも硬い合金が得られる。

青銅は銅の中に約一〇パーセントの錫を含む合金で、紀元前三〇〇〇年頃にメソポタミアで始まった。銅と錫の割合は鉱石の産地によって異なっているが、イラン高原で産出する銅の鉱石には錫を含むものが多く、製錬すると自然に青銅がつくられた。青銅は銅に比べると硬く、融点が七〇〇～九〇〇℃と低いので、研磨や鋳造、圧延などの加工が施され、斧や剣、矛、壺などがつくられた。青銅は鉄が登場する紀元前一〇〇〇年頃まで主要な金属材料として広く利用され、青銅器の時代を築いた。青銅は鉄が普及すると多くの青銅製品は鉄に取って代わられたが、大型の構造物を均質な鉄で鋳造する技術がなかったため、大砲は一九世紀まで青銅でつくられた。

日本には紀元前四世紀頃、鉄とともに九州に伝わった。国内で青銅がつくられたのは紀元前一世紀頃である。二世紀の弥生時代には大型の銅鐸がつくられた。

鉄の製錬

鉱石には、通常、金属の酸化物や炭酸塩、硫化物に混じって岩石などのケイ酸塩化合物が含まれている。鉱石を製錬すると、ケイ酸塩は金属成分から分離された非金属の滓(かす)（スラグ）として金属と一緒に炉から取り出される。銅の鉱石を製錬する場合、酸化銅はケイ酸塩と反応して化合物をつくり、スラグの中に閉じ込められてしまうため、得られる金属銅の収率が落ちる。鉱石の中に鉄の成分が含まれていると、ケイ酸塩と反応した銅が鉄と入れ替わるため、金属銅の収率を回復できる。当時の人はこのことを経験的に知っていて、銅の鉱石の中に鉄の成分が少ないときには、鉄鉱石を添加していた。結果として、スラグの中には鉄が多く含まれることになり、炉の条件によっては、還元された小さな鉄の塊がスラグの中に混じっていることもあった。このような鉄が紀元前二五〇〇年以前のメソポタミアや小アジアの遺跡から発見されている。

鉄鉱石は主成分が酸化鉄のため、これを還元するには、銅の鉱石を還元するときよりも一酸化炭素の濃度が高い高温のガスが必要である。炉は円形の石の台の周りを粘土で覆い、下には空気を送り込む穴、上部には燃焼ガスを出す煙突がついている（図4－7）。炉の直径は四〇～五〇センチ、高さ一メートルほどで、石の台の上に木炭と鉄鉱石、それぞれ数十キロを交互に積み上げる。木炭を燃や

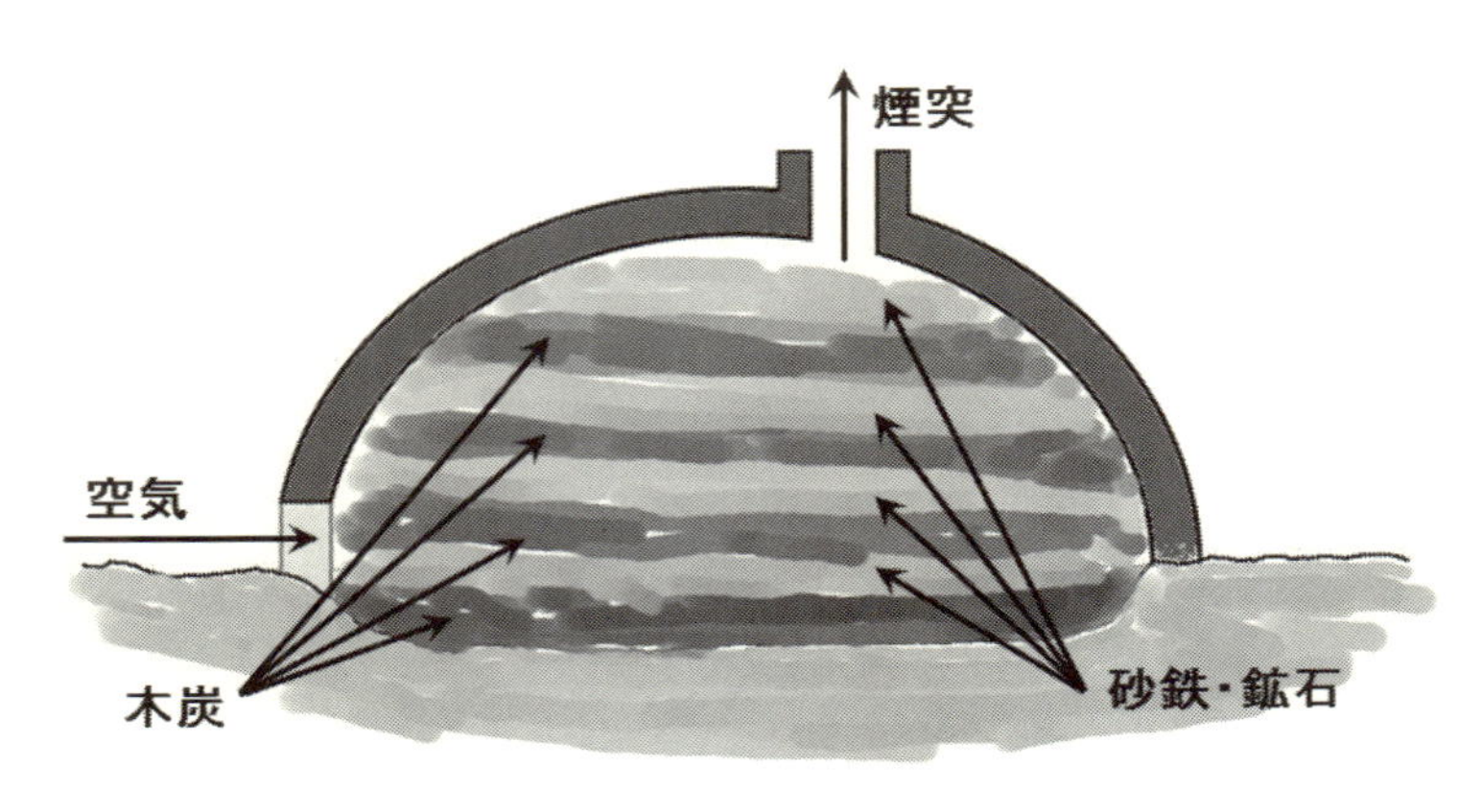

図4－7　初期の製鉄炉

すと、木炭の表面では一酸化炭素が生成され、それが空気と反応して二酸化炭素になり、発熱する。燃えて高温になったガスは、積み上げられた木炭と鉱石を加熱しながら炉の中を上昇し、上部の煙突から外に排出され、炉の下の穴から新たに空気が供給される。

紀元前三世紀から二世紀になると、木炭の燃える温度を高くするため、ふいごを使って、空気を強制的に炉に送り込んだ。このため、炉の一番温度が上がっているところ（一一〇〇～一二〇〇℃）では空気が過剰な状態なので一酸化炭素は残っていない。炉の上のほうは、酸素が不足した状態で木炭が燃えているため、温度は八〇〇℃程度だが、一酸化炭素の濃度が高くなり、鉄鉱石が還元されて、金属の鉄が生成される。鉄はスラグと一緒に炉の下に下り、スラグと鉄の混在する海綿状の塊として取り出される。取り出されたスラグと鉄の塊は、再び温度を上げてハンマーでたたいて鍛錬するとスラグが追い出され、鉄が塊となって得られる。一回の操業で得られる鉄は数キログラムであった。

こうして得られた鉄は、炭素の少ない錬鉄である。錬鉄は軟らかく、打ち伸ばして板や棒にするには適しているが、青銅の硬さには及ばない。硬い鉄を得るためには、錬鉄を木炭の炉で何度も加熱し鍛錬を繰り返して、鉄の表面から炭素を入れる浸炭という操作が必要である。浸炭によって、鉄の中に炭素が〇・一五~一・五パーセント含まれる鋼が得られる。さらに、鋼は七五〇℃を超える温度に熱してから急冷すると硬い組織になる。この操作を焼き入れという。この焼き入れによって、鋼は青銅よりも硬くなり、鋭い刃物をつくることができる素材となる。しかし、焼き入れた鋼は、硬いがもろい欠点があるので、再び五〇〇℃程度に熱してからゆっくり冷まして粘り強さを戻す。この操作を焼き戻しという。浸炭と焼き入れ、焼き戻しの三つの過程を経て鋼は、硬くて靱性のある有用な金属素材となる。

この一連の技術は、紀元前一九〇〇年以前に、今のトルコにあたるアルメニアの山岳地帯に住む人々によって始められたが、のちにこのあたりを支配したヒッタイト帝国が独占したため、ほかの地域に広まることはなかった。紀元前一二〇〇年にヒッタイト帝国が滅亡すると、アルメニア山地の製鉄技術者が各地に移住し、紀元前一〇〇〇年にかけて鋼の製造技術が、イラン、地中海東岸のレバント地方、キプロス島、クレタ島などに広まった。

ヨーロッパに鉄の製造技術が伝わったのは紀元前九世紀頃である。オーストリア東部のハルシュタットで紀元前五世紀にかけて鉄器文化が栄えた。そこでは良質の鉄鉱石が産出されたため、不純物の少ない良質の鉄が生産できたのである。鋼の製作、焼き入れ、焼き戻しの一連の鋼製造過程が行われ、ヨーロッパの鉄技術の中心となった。この技術は徐々にヨーロッパ各地に広まり、やがて、青銅に代わって鉄器の時代を迎えた。しかし、当時、鉄が溶ける温度まで炉を高温に加熱する技術がなく、鉄の鋳造はできなかった。

鋳造できる鉄や、鉄より炭素を多く含む銑鉄（せんてつ）がヨーロッパで生産されるのは、水車を利用して大量の空気を炉に送り込むことができるようになる一四世紀から一五世紀以降である。ドイツ、ライン川流域のジーゲルランドで始まったとされている。炉の中に鉄鉱石と木炭を交互に積み上げ、空気を送り込む炉の下部の温度を上げるために、炉の下部の直径を小さくし、炉の中央部から上部にかけては、木炭の燃焼で生じた膨大な量のガスが上昇していくので、直径を大きく、かつ、一酸化炭素による還元反応が有効に働くように、炉の高さを高くしている。鉄鉱石と木炭は炉の上から連続的に挿入され、溶けた鉄は炉の下から流し出す。高炉法と呼ばれ、この頃の炉は、内径一・八メートル、高さ四・五メートル、鉄の生産量は一日一・六トンであった。

古代中国の鉄と製鉄

中国で鉄器が使われたのは、殷、周の時代である。河北省台西村、北京市劉家河村から殷代の鉄刃銅鉞（どうえつ）（大型の斧）、河南省衛輝府から周代初期の鉄刃銅鉞、鉄刃銅戈（どうか）が出土している。いずれも、青銅製の鉞（まさかり）や戈（ほこ）の刃部に鉄がはめ込まれている。春秋時代、斉の宰相、管仲の事跡を伝えている中国の古典『管子』に、「蚩尤（しゅう）は葛盧（かつろ）の山の金で剣、鎧、矛、戟を造り、これで九つの諸侯を征服した。また雍孤（ようこ）の山の金で芮（ぜい）・戈をつくって十二の諸侯を征服した。この戦力の威力に天下は威服せざるをえなかった」とある。『山海経』や『呂子春秋』にも同じような記述がある。秦の始皇帝や漢の高祖が蚩尤を戦神として祀っていることからも、金属兵器の創始者、蚩尤の伝承が殷や周に遡る古いものであることがわかる。使われている鉄は隕鉄である。

周が東遷し洛陽に都が遷った春秋時代初期、斉の管仲は鉄器の普及政策を行っている。『管子』によると、「美金（銅）で、戈、剣、矛、戟を鋳る。悪金（鉄）で、斤（まさかり）、斧、鉏（すき）、夷、鋸（のこぎり）、欘（くまで）を鋳る」、また、鉄について、「女一人に針一本とナイフ一本、農夫は来（らい）、粗（じ）、銚各一つずつ、車を造る者は斤（おの）、鋸、錐（きり）、鑿（のみ）各一つずつもつ」とある。江蘇省程橋鎮墓から、春秋時代末期から戦国時代初期の鉄器が出土している。一号墓からは銑鉄の鉄塊が、二号墓からは海綿状鍛造の鉄棒一条が出土しており、銑鉄と錬鉄の両者が存在する。『山海経』では、「鉄」と「赭」を区別しており、砂鉄を還元して鍛造する「鉄」と赤渇鉄鉱を溶解して銑を製造する「赭」の二方式の技術があったことを暗示している。『春秋左氏伝』にも、「昭公二九年（前五一三）冬、晋の趙鞅、荀寅が師をひきいて汝浜に城をきづく。ついに晋国に一鼓鉄を賦して、もって刑鼎を鋳る」とあり、紀元前六世紀にすでに鉄鉱石を溶かし銑鉄をつくる溶鉱炉の技術をもっていたことがわかる。さらに、この時代の鉄器は、銑鉄を焼き鈍し鍛錬した可鍛鋳鉄の農耕具が多く、鍛造製のものは少ない。錬鉄を浸炭して硬くする技術がなかったものと思われる。

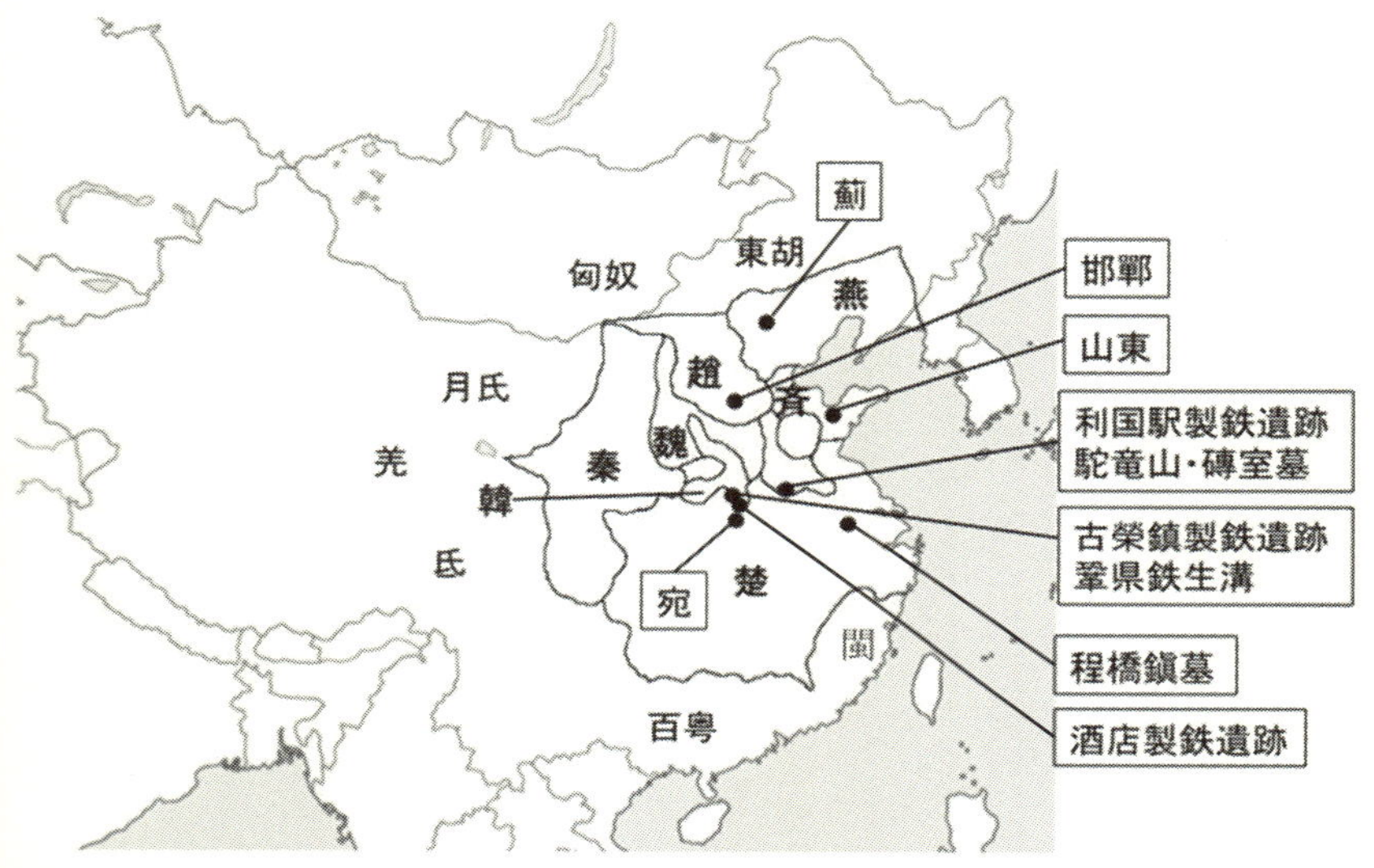

図4－8　中国戦国時代の七雄と鉄の遺跡（東京書籍編集部『ビジュアルワイド図説世界史』をもとに作成）

戦国時代には製鉄拠点を巡って戦いが起こり、秦が邯鄲と宛を占領することで中国を統一した（図4－8）。『史記』には、秦の戦略は邯鄲と宛の奪取にあると智謀家の蘇秦が判断していたこと、また『韓非子』には、秦の宰相、商鞅の政策は鉄の殳と鉄の盾で装備することだったということが記されている。邯鄲は春秋のとき晋の趙穿の采地になったが、戦国期には趙の都だった。邯鄲の西方に邯山があり、その山は堵山（赤い山）だと記されているので鉄資源地のことを示しており、邯鄲は製鉄拠点だった。宛は今の南陽であるが、春秋のとき楚領で、戦国のときに韓に属した。また、宛とは延ばすことを意味する地名をもつ製鉄基地であった。商鞅は楚について、「宛の鉄鋼でつくった鉇は蜂やサソリの針のようにするどい」と言っている。中国最古の製鉄遺跡は戦国時代晩期の河南省酒店製鉄遺跡である。

漢の時代になると主な製鉄基地は、古くからの邯鄲、以前からある小規模の山東、最大規模と最新設備を誇る宛、新興の臨邛の四か所になっていた。邯鄲を中心とする華北一帯では、紀元前三世紀に、固体の銑鉄を酸化させて脱炭し、再び加熱して鋳造する鋳鉄脱炭製鋼法が開発され、棒状や板状の脱炭鋼が大量につくられた。

さらに、紀元前一世紀には、溶けた銑鉄に鉱石粉（酸化鉄）や鍛造剝片とともに空気を大量に送り込んで脱炭し、鋼を製造する炒鋼技術が開発されている。江蘇省徐州市駝竜山・磚室墓から出土した前漢の全長一〇九センチの鉄剣は炭素量〇・一～〇・四パーセントの低炭素鋼であり、炒鋼でつくられている。製鉄遺跡には河南省古滎鎮製鉄遺跡や鞏県鉄生溝などがあり、海綿鉄を製造した炉と銑鉄を製造した炉のほかに炒鋼用の炉が出土している。二世紀には溶けた銑鉄と錬鉄を混ぜ合わせて炭素濃度を調節し、鋼を製造する鍛錬技術を発明している。さらに、唐・宋代とされる江蘇省徐州利国駅製鉄遺跡からは炭鉱跡が発見されていることから、この時代にはすでに石炭が使用されていたとみられている。

古代朝鮮の鉄と製鉄

朝鮮の鉄は中国から伝わった。朝鮮と中国との交流は西周の時代に始まり、春秋時代、とくに斉の管仲の時代には、朝鮮の状況と事情はほとんど全域にわたって知られていた。『山海経』には、燕山から雁門山までの間に鉄を出す乾山があると記されている。燕山とは河北撫寧、昌黎方面に当たる。管仲時代に遼西地域に新しく鉄資源のある土地が発見されたことを説明したものと思われる。春秋時代、朝鮮半島は燕に支配されていたが、紀元前二二二年、燕は泰に滅ぼされた。その一因は遼西地域の製鉄基地、薊を占領されたことがある。この後、衛満の朝鮮時代が始まる。この時代、趙の安陽で鋳造された布幣が輯安まで分布している。また、明刀銭も平安北道と平安南道で多数発見されている。慈江道渭原龍淵洞の遺物からは銅製品、鉄製品、土製品が出土しているが、鉄製品がとくに多く、鉄斧、鉇、鍬、鋤、鎌、矛、鏃（やじり）などがある。いずれも鋳造品である。

紀元前一〇九年、武帝が衛満の孫の右渠を攻めて、首都の王険城を落とし、翌年の元封三年（紀元前一〇八）に、玄菟、真番、臨屯、楽浪の四郡を置いた。鉄の製造技術が伝わったのはこの頃とみられ、莱城遺跡から鍛冶跡と遺物が発見されている。しかし、スラグや送風口（羽口）は見つかっておらず、鉄鋌（てってい）を加熱し、鏨（たがね）を使って鉄鋌を切断する鏨切（たがきり）法程度の簡単な作業が行われたと考えられている。この時代になると鋳造品よりも鍛造品が多く見つかるようになる。同じような傾向は弥生時代の日本にもみられる（第5章1節参照）。本格的な鍛冶遺構が確認できるのは紀元前後の原三国時代で、京畿道馬場里遺跡から羽口様の送風口付き土製品やスラグが出土し、慶尚南道茶戸里遺跡から鉄鎚（てっつい）が出土している（図4-9）。この頃に鍛接や炭素量の調整などの技術が確立したとみられている。

『三国志』魏書東夷伝（通常これを『魏志』と称する）によれば、廉斯鑡が濊から楽浪へ行く途中、多数の漢人が山中で伐木にしているのを見て、事情を聞き出すと、三年前に辰韓の捕虜になり、ここ

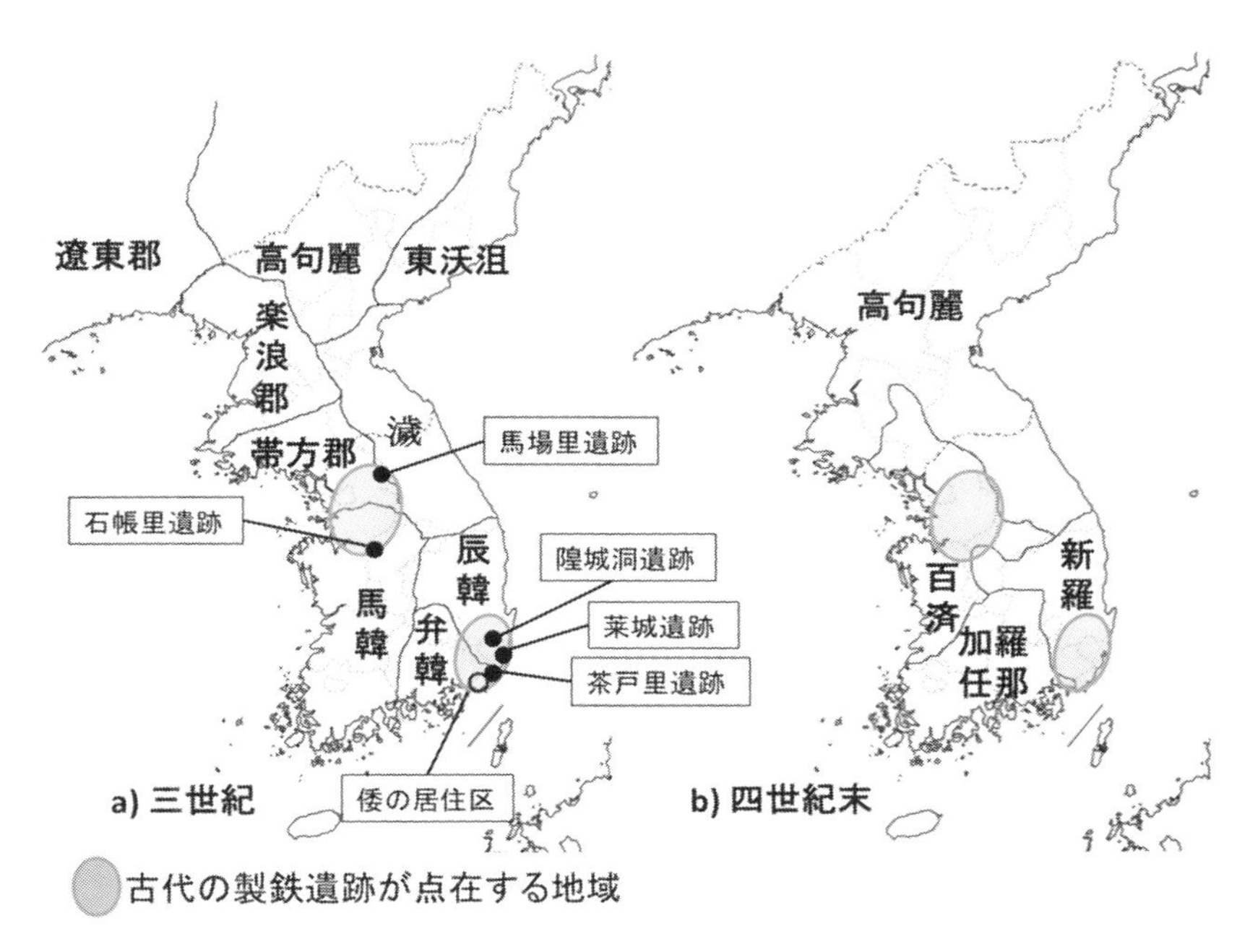

図4－9　朝鮮半島の地勢と製鉄遺跡（関清東「アジアにおける日本列島の鉄生産」をもとに作成）

で強制労働させられていることを知った。廉の通報で楽浪から船で出兵して辰韓に入り、漢人一五〇〇人を救出した、とある。山中で伐木に従事させられているのは、製鉄用の木炭をつくるためであり、この地方に鉄資源が発見され、辰韓が捕虜を使って強制労働させていたのである。廉斯鑡はこの功績により、地皇年中（二〇～二三）に辰韓右渠帥に任命された。おそらく、のちに百済がいっている谷那鉄山はこの地方のことと思われる。谷那鉄山とは『日本書紀』の神功皇后紀に出てくる鉄山で、神功皇后紀五二年（二五二頃）に百済王が千熊長彦に会って七支刀を与え、倭に谷那鉄山での鉄の生産を約束したことが記されている。

本格的な製鉄は三世紀頃に始まったと思われ、三世紀末の忠清北道石帳里遺跡が最古である。製鉄炉のほかにも鉄鉱石の焙焼施設、鋳鉄溶解炉、鍛冶炉が発見されており、大規模で一貫した生産が開始されたことがわかる。慶尚北道慶州市の隍城洞遺跡からは、錬鉄塊と銑鉄塊が出土している。鋳造、鍛錬、鍛冶が行われていた。

また『魏志』辰韓伝に「国出鐵韓濊倭皆従取之諸市買皆用鐵如中国用銭又以供給二郡」と記されていることから、倭が辰韓でつくられた鉄を購入していたことがわかる。ここでの倭とは帯方東南大海中の倭人（日本）ではなく、朝鮮半島南部に居を構えていた弁韓瀆盧国と境を接する倭のことである。

辰韓とともに古くから鉄を産出した弁韓は日本の鉄文化に大きな影響をもたらした。四世紀中頃、倭が弁韓に進出した。狙いは弁韓の鉄である。鉄資源と最新の製鉄技術を獲得したかったのだろう。その結果、倭が直接支配する地域は任那に、元の弁韓の地域は倭に従属する加羅になったとされている。さらに、永楽元年（三九一）、倭は百済と新羅を攻め、臣民とした。この戦いで倭国が狙ったのも鉄である。新羅、百済の支配地であった現在の慶尚北道、京畿道には多くの鉄山があり、製鉄基地があった。

石炭の使用と産業革命

古代中国の製鉄は朝鮮半島や日本、東南アジアの鉄づくりに影響を与えたが、近代の製鉄に発展することはなかった。近代製鉄は蒸気機関の発達を契機に一八世紀のヨーロッパで始まった。蒸気機関の発達は産業革命へと発展する。これらはともにイギリスから始まった。一五世紀半ばからヨーロッパは慢性的な木材資源不足に悩まされており、一六世紀頃から石炭を使用した鉄鉱石の製錬が試みられてきた。石炭には硫黄分が多いことと、高温で軟化溶融して空気の通り道を塞ぎ、還元反応を停滞させてしまうことが問題だった。

一七〇九年、エイブラハム・ダービーがコークスを使用した鉄鉱石の製錬に成功する。高温での軟化溶融を防ぐため、石炭を高温で乾留したコークスが用いられた。しかし、コークスに含まれる硫黄は鉄をもろくする。乾留することで硫黄分がある程度は除去できるが、完全にはなくならなかった。また、石炭は木炭に比べると灰分が多い。スラグはケイ酸濃度が高くなると、粘度が高くなり、炉内での流動性が悪くなる。コークスを使って流れのよいスラグをつくる工夫が必要だった。そこで、コークスと一緒に石灰石が添加された。酸化カルシウムはスラグの粘度を下げ、同時に、鉄の中の硫黄も除去してくれた。しかし、コークスは燃えにくい。コークスを燃やすためには大量の空気を炉内に送り込む必要があり、今まで以上に強力な送風装置が必要だった。送風装置には同じ頃発明された蒸気機関が用いられた。蒸気機関は一七一二年にトーマス・ニューコメンが発明し、一七六九年にジェームズ・ワットによって改良された（第6章1節参照）。

蒸気機関の発達は、水車の立地条件に頼らず、大きな炉を人の集まる都市部につくることができたため、生産能力が向上して、産業革命を起こす要因の一つとなった。この頃の高炉（溶鉱炉）は高さ九メートル、日産四・五トンであった。

一八二八年、ジェームズ・B・ニールソンは空気をあらかじめ熱風炉で加熱して炉に送り込むことで、炉内の熱効率を高める方法を実用化した。この方法によって銑鉄一トンを生産するときのコークスを二～二・五トン節約できるようになり、瞬く間に広まった。さらに、一八五七年、E・A・カウパーは、格子積みされた耐火煉瓦（れんが）構造の熱風炉を二基使い、高炉から出てくる高温の燃焼排ガスを利用して空気を加熱し、連続的に高炉に送り込む方法を考案した。熱風炉内に格子積みされた耐火煉瓦をあらかじめ、高炉からの燃焼排ガスで加熱しておき、そこを通過するときに空気が加熱される。一方が空気を加熱している間に、もう一基が燃焼排ガスの熱で加熱され、次の段階での空気の加熱に備える。送風経路を切り替えて二基の熱風炉を交互に使用することで、約六二〇℃に熱した空気を連続的に高炉に送れるようにしたのである。カウパーの熱風炉は絶大な効果を発揮し、得られる熔銑の量（出銑量）が二〇パーセント増加した。また、熱風による炉内の高温化により、高炉の大型化が可能

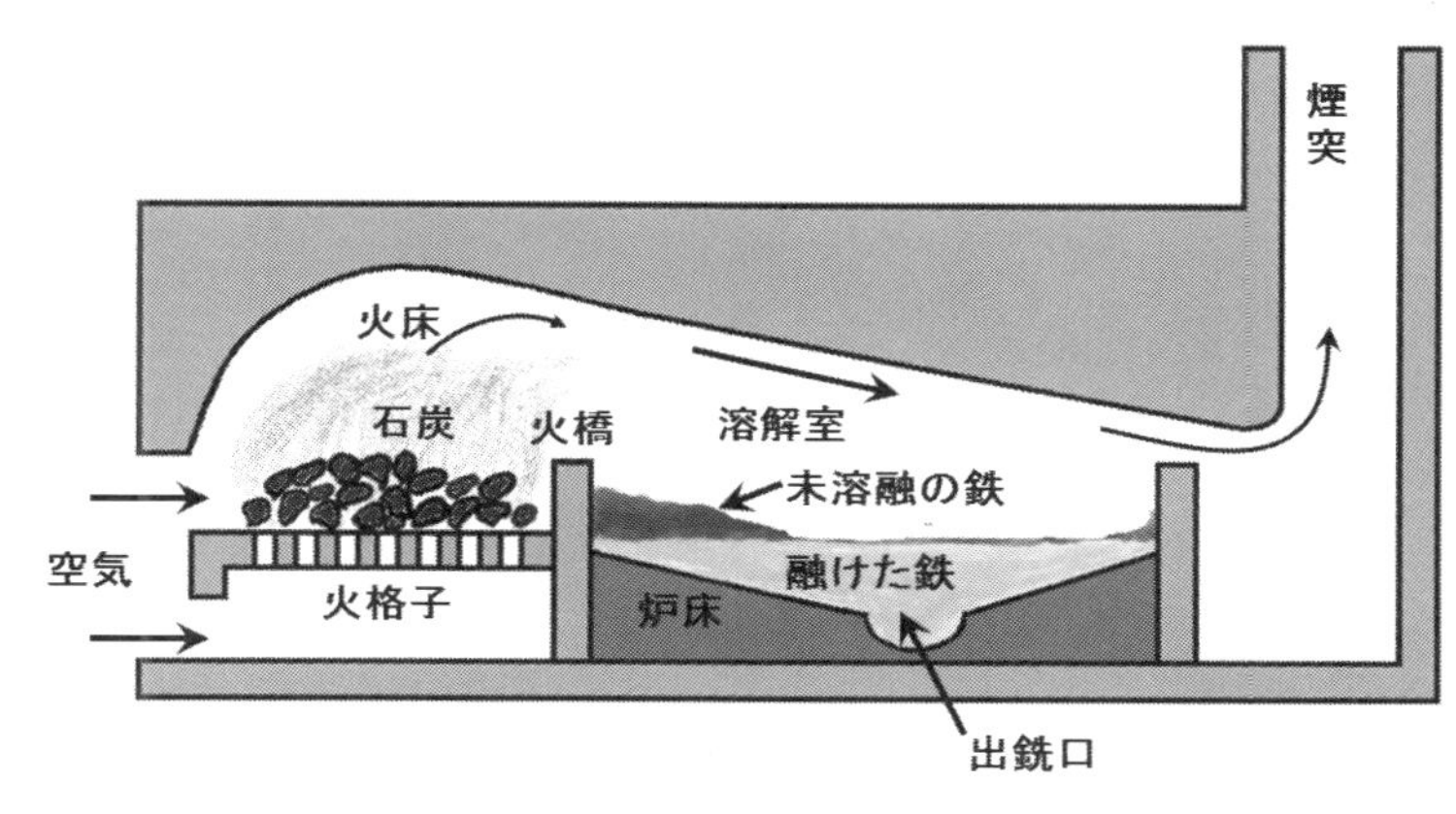

図4－10　反射炉

になり、生産量を大幅に増やすことができた。産業革命による産業の発達を受けて鉄の需要が増大し、一八七二年には高炉の高さが二四メートル、日産六五トンにまで増加した。カウパーの熱風炉の改良型は今日でも高炉の送風予熱装置として広く使われている。

高炉で製造された銑鉄を使って鋳物をつくるために、鉄を再溶解する反射炉（図4－10）の技術が工業化された。反射炉は石炭を燃やして炉の温度を上げる火床と鉄を溶かす溶解室が火橋を隔てて分かれており、石炭の不純物が鉄に混入するのを防ぐことができる。火床で石炭を燃焼し、その火炎が火橋を隔てた溶解室に導かれ、その反射熱で銑鉄を溶ける温度（約一二〇〇℃）にまで加熱する。このとき、火炎の中に過剰の酸素を送ると、その酸素で鉄の中の炭素や不純物のリン、硫黄を燃焼除去することができた。

この反射炉を利用して、鉄の中の炭素量を減らし、鋼を製造する方法が一七八三年にヘンリー・コートによって実用化された。パドル法と呼ばれている。鉄の中の炭素が酸素と接触して燃焼して減ると、鉄は融点が高くなり、流動性を失って空気との接触が悪くなる。これを防ぐために、反射炉に開けた小さな穴から棒を差し込んで攪拌（かくはん）し、炭素を燃焼除去して最終的に錬鉄の塊にして炉から取り出す。得られた錬鉄の塊にはスラグが含まれるので、温度を上げて鍛錬することでスラグを除去した。しかし、従来の反射炉では、炭素分の少ない錬鉄の融点（約一四〇〇℃）以上に炉の温度を上げることができず、錬鉄は炉の中で固化し塊となってしまう。また一回の作業に一〇時間以上を要するため、大規模生産には向かなかった。

一八五六年、ヘンリー・ベッセマーは溶けた銑鉄の中に直接空気を吹き込み、燃料の熱源なしに銑鉄を鋼にする方法を実用化した。転炉法と呼ばれている。この方法は、燃料を用いることなくきわめて短時間に大量の鋼をつくることができ、ヨーロッパやアメリカで急速に普及していった。しかしこの方法では、リンや硫黄の少ない良質の鋼をつくることができなかった。良質の鋼を得るには、アメリカや北欧、ロシアで採れる低リン、低硫黄の高品位鉱石が必要で、リン、硫黄が含まれている大部分のヨーロッパ産の鉱石には不向きだったのである。

反射炉を用いたパドル法で錬鉄をつくる温度は約一三〇〇℃である。この温度では、熔鉄の中のリンや硫黄は酸素と反応し除去できたが、転炉の温度は一五〇〇～一六〇〇℃の高温のため、リンや硫黄は酸素と反応しても完全には除去されず、熔鉄の中に残ってしまう。この問題を解決したのが、イギリスのギルクリスト・トーマスである。彼は、従来の研究から、石灰が熔鉄からリンや硫黄を取り除く唯一の鍵であるとして、熔鉄に石灰を添加した。溶けた銑鉄に空気を吹き込むと、銑鉄の中のケイ素は酸化されてスラグになるが、同じく酸化されてスラグに入るはずのリンや硫黄は還元されて熔鉄に戻ってしまう。このとき、スラグに石灰を添加すると、塩基性の石灰は酸性のケイ酸と反応し、ケイ酸カルシウムのスラグを生成する。さらに、過剰の石灰を添加すると、リンや硫黄も酸化されてスラグのほうに留まり、熔鉄に戻らない。

これで問題は解決されたかに見えたが、更なる問題が発生した。当時、転炉に使われていた耐火材はケイ酸の酸性耐火材のため、スラグ中の石灰は耐火材と激しく反応し、炉壁がたちまち壊れてしまったのである。そこで、トーマスは一八七九年、石灰石、ドロマイト、マグネサイトから製造した塩基性耐火物を開発した。これまで、これらの物質はもろく、耐火材としては使えなかったのだ。彼は、ドロマイトをこれまで以上の高温で焼いてセメントの原料であるクリンカにし、石炭タールを接着剤にして成形した。転炉の耐火材を従来の酸性耐火物から塩基性耐火物に変えることで、一連の難問を解決したのである。塩基性転炉法はトーマス法と呼ばれ、ヨーロッパ産の含リン、含硫黄鉱石からでも良質の鋼をつくることができるようになり、製鋼法は大発展を遂げた。

一方で、パドル法の改良も進んだ。トーマス法が生まれる二〇年ほど前の一八六一年にパドル法による錬鉄の製造を改良し、炉の排ガスを使って熱風炉の格子積み煉瓦をあらかじめ加熱しておき、その熱を使って燃料ガスと空気を予熱し、燃焼させる蓄熱室切り替え法が実用化された。予熱の結果、一六〇〇℃以上の高温が得られ、溶融状態で銑鉄から炭素を取り除く脱炭精錬が可能になった。これは平炉法と呼ばれる。転炉法が銑鉄の成分に制約があったのに対し、高温にするために別の燃料を用いる平炉法ではそれらの制約がなく、幅広い銑鉄の精錬が可能であった。さらに、銑鉄と屑鉄の配合割合を自由に調節することが可能で、広範な品種で優れた製品を生産できるため、製鋼法の主流となった。一九五五年には世界の粗鋼生産量の八〇パーセント以上を平炉法が占めていたのである。しかし、一九五〇年代後半に転炉の中に空気ではなく酸素を吹き込む酸素吹き転炉が開発、工業化されると、平炉法は次第に押され、日本では一八九〇年に初めて導入されたが、一九七七年に姿を消した。

一八九五年、ドイツのカール・フォン・G・リンデが空気液化装置を発明し、純酸素を安く大量に製造できるようになった。窒素の沸点はマイナス一九五・八℃と酸素のマイナス一八三℃より低く、液化した空気の温度を上げると、窒素が先に蒸発する。そのため、残った液体空気中の酸素濃度が高まる。窒素と酸素の沸点の違いを利用し、液体空気を分留することで、純酸素を得ることができるのだ。工業的に酸素を安く大量に利用できるようになったことで、製錬製鋼に空気ではなく酸素が使われるようになった。

今は、高炉にしても転炉にしても酸素を直接炉に吹き込んでいる。酸素を使用することにより窒素の熱損失がなくなり、炉内の温度を高くできて熱効率が向上すると同時に、窒素が鋼に吸収されて鋼の性質に悪影響を及ぼす心配がないのである。

錬金術

鉄や鉛、銅などの普通の金属を黄金に変えることは、古代から近世に至るおよそ二〇〇〇年もの間、人々の夢だった。実を結ぶことはなかったが、錬金術は科学の発展に大きく貢献した。錬金術とは、鉄や鉛、銅などの金属を黄金に変えるだけではない。不完全なものを完全なものに変えることを意味する。古代では、鉄や鉛、銅などの金属は不完全なもので、黄金は完全なものと考えられていた。同様に、病気や死は不完全な状態であり、健康や不老不死は完全な状態である、という考えから、人の病気を治して健康にし、さらに不老不死にすることも錬金術の大きな目的の一つだった。

錬金術は紀元前三世紀頃、古代ギリシアの都市、エジプトのアレクサンドリアで生まれたとされている。錬金術が生まれる以前の古代ギリシアには、万物の根源的元素として、空気、水、土、火の四つを考え、すべての物質はこれらの元素の混合によって成り立っているとする四元素説があり、自然哲学者の関心を集めていた。アリストテレスはこの考えを発展させ、空気は熱と湿、水は寒と湿、土は寒と乾、火は熱と乾のようにそれぞれ二つの性質をもち、空気は湿を媒介にして水になるように、共有している性質の媒介によってほかの物質に転化する、あるいは、火と水を合わせて乾と寒の性質を取り除くと空気になるというように、二つの物質を合わせて、それぞれから一つの性質を取り去ると新しい物質が生成する、という元素の転化の思想を生み出した。この四元素説と元素の転化の思想は錬金術の基本的な物質観となっている。

四世紀になると、アレクサンドリアではキリスト教徒によって異教文化が弾圧され、錬金術の中心は東ローマ帝国のコンスタンチノープルに移った。さらに、七世紀頃、イスラム世界の台頭によって、錬金術はアラビアに伝えられ、大いに発展した。とくに、中国の不老不死を求める錬丹術とも融合し、錬金術を医学に応用する道を切り開いた。中国には、木、火、土、金、水を万物の根源とし、それぞれが関連しあって順番に生まれていくという五行思想があり、古代ギリシアの四元素説とは別に独自に発達した。四元素説が物質変換の科学的探究に重きを置いたのに対し、五行思想は要素間の関係やそれらの調和を重視し、健全な生活を目指した医療に重点が置かれた。錬金術は、一一世紀末に始まった十字軍遠征によってヨーロッパに伝わった。

ヨーロッパに伝わると、錬金術はキリスト教の三位一体論の影響を受け、それまでの四元素説の物質観は三原質論に変わっていった。三原質論はスイスのパラケルススによって確立されたといわれている。三原質論によると、万物は、水銀、硫黄と塩からなっているとされる。硫黄も水銀も塩も錬金術的な基本概念で、水銀は常温で液体であり、さまざまな金属と合金をつくる変幻自在な性質をもっており、硫黄は燃焼に関わり、金属を黄金色に変化させる作用がある。塩は水銀と硫黄を結びつける媒介の作用をし、形態を保つもの、結晶するもの、あるいは生物の骨格や身体の形成などすべての現象を表す。すべてのものはこの三つの原質が結合してつくられているとされた。

人体もまた例外ではなく、健康はこの基本的な三つの原質が調和しているときに保たれ、三つの不調和やその一つが過剰になることなどが種々の病気の原因であると考えられた。パラケルススは三原質論に基づき、それまで薬草中心だった伝統的医学に、鉱物的な薬物による治療を初めて導入した。毒性学の祖といわれている。

錬金術は中世から近世ヨーロッパの科学者の関心を集めた。とくに注目されたのは、水銀と硫黄を結合する力となる塩の中の物質だった。この物質こそがすべての物質を自由につくり替える力をもっていると考えられ、物質の精気、あるいは第五元素（エーテル）と呼ばれた。第五元素の存在を示唆したのは、古代ギリシアの哲学者プラトンである。大地や生成消滅する地上の世界をつくる四つの元素に対して、幾何学的に可能な正多面体の数は五つ（プラトンの立体）あることから、永遠の生命をもつ天体にはもう一つ別の元素があると考えた。アリストテレスも、大地を中心に、月、太陽、金星、水星、火星、木星、土星と恒星をそれぞれ固定した同心円の天体が円環運動をしている宇宙の姿（同心天球説、図4－11）を考え、宇宙には無色透明で非常に軽いエーテルが充満していると唱えた。それ以来、錬金術では、エーテルが永遠の生命をもつ神の霊であるとされ、この霊によって人の住む宇宙はつくられたと考えられていた。

科学者たちは塩からこの物質を抽出することに熱中した。アイルランドのロバート・ボイルは、気体の体積と圧力の関係を表すボイルの法則を発見した科学者として有名だが、金属を変質させる可能性を信じ、そのための実験を行った錬金術師でもある。彼は、物質の成分を検出するさまざまな技法を考案し、その一連の手法を分析と名付けた。さらに、それらの実験から、物質の基本構成要素とし

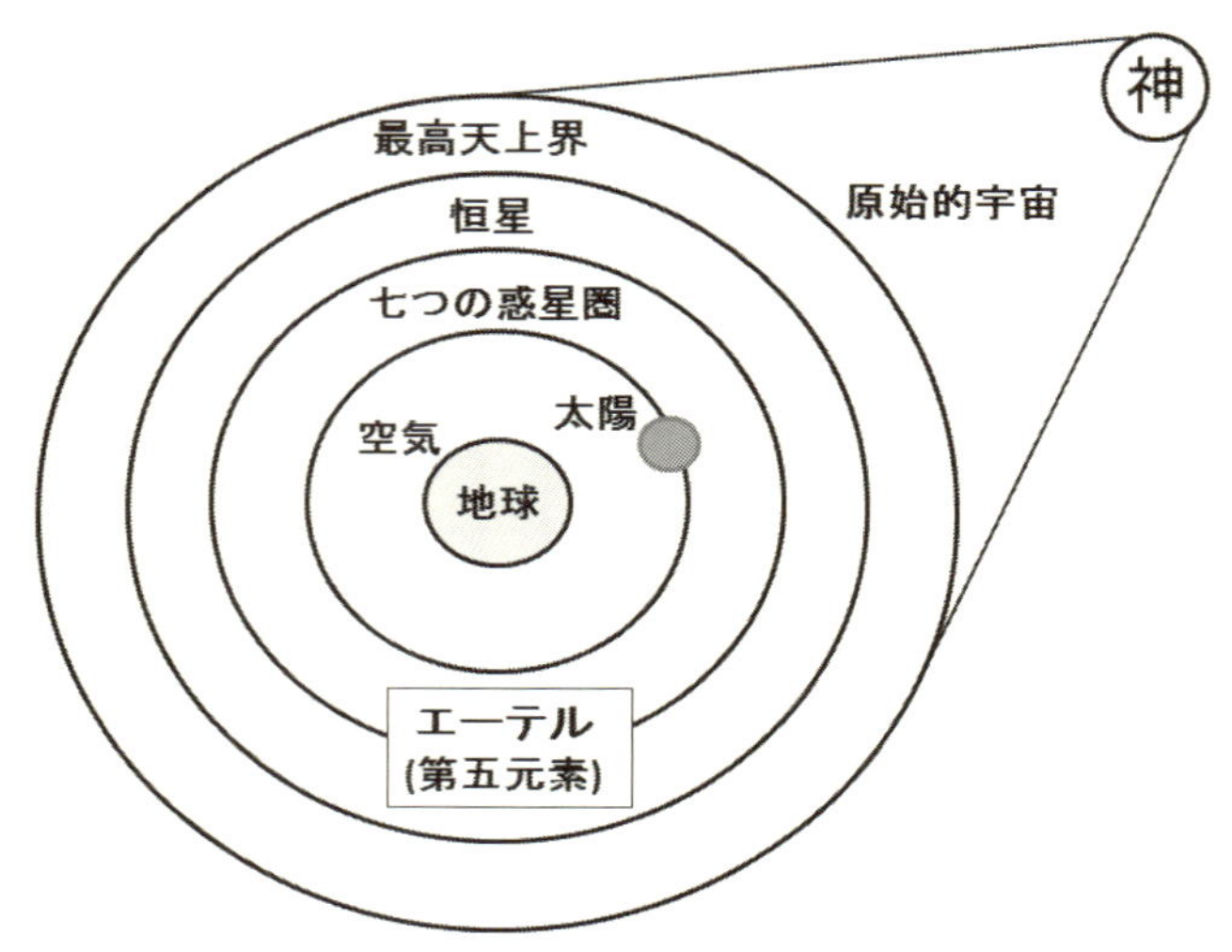

図4－11　同心天球説と第五元素（草野巧『図解錬金術』をもとに作成）

て元素の存在を認め、混合物と化合物を区別した。そして、元素がさまざまな微粒子で構成されていると考えた。ボイルは化学反応が微小な粒子の運動によって起こるとしたほうがアリストテレスの四元素説よりも妥当であると提唱し、『懐疑的化学者』（一六六一年）を発表した。つまり、錬金術は、錬金術師であるボイル自身の手によって基本的物質観である四元素説を否定されたことで、その歴史に幕を閉じたのである。

しかし、錬金術は近代科学の発展に大きく貢献した。とくに、化学の源は錬金術にあるといっても過言ではない。溶解、反応、蒸留、抽出といった化学の基本的な操作技術や装置は錬金術によって発展した。現在の化学製品や石油製品の工業的な製造設備もこのときの技術が基盤になっている。酸やアルカリ、アルコールなどさまざまな薬品をつくり出し、それらの精製や分析技術を発明したのも錬金術である。これらの技術は化学の分野だけにとどまらず、冶金学や薬学、医学の分野にも大きな影響を与えた。

第5章

日本の鉄文化

中世以前の鉄文化

大陸からの伝播

鉄器の使用が始まったのは弥生時代前期と見られている。朝鮮半島から伝わった。しかし、稲作のように南朝鮮から漸次的に対馬、九州に伝わり、それが山陰、大和に伝わったのではない。当時の最高技術である製鉄は個人的な関係や集落の接近では摂取、移入できるものではなく、組織的な権力によって直接日本に移され実施されたのだろう。日本各地に製鉄技術が伝承するのも政治的な威力によって飛び石的に行われた。弥生前期に鉄製品が出土するのは、福岡県、熊本県、鹿児島県、山口県、広島県、兵庫県、大阪府、奈良県の八か所だけである。さらに、初期に日本で実施されたのは鍛冶(かじ)のみで、倭人は南朝鮮に居を構え、弁韓や辰韓から鉄鋌(てってい)を購入し日本に運んでおり、製錬が始まるのは五世紀とみられている。つまり、弥生時代、古墳時代を通じて多数の鉄の技術者が南朝鮮から日本に渡ってきているにもかかわらず、五〇〇年もの間、製錬が行われなかったのである。そこには政治的な力が働いていたと考えられる。

弥生時代前期の遺跡から出土する鉄器は鋳造品が多く、舶載品とみられる。鍛冶跡とみられる遺跡は、大分県下城遺跡など弥生時代前期末から中期にかけてである。この時期の鍛冶跡は福岡県内に六六か所見つかっている。中期以降、鋳造品は次第に姿を消し、鍛造品が増加した。鉄器の用途は武器と農耕具であり、所有者はごく一部の権力者に限られていたが、弥生時代全般を通じて急速に普及していった。

五世紀に入り製錬が行われるようになると、播磨、美作（みまさか）、備前、備中、備後（現在の山陽地方東部）で製鉄が盛んになった。播磨を除いたこれらの国々は古くは吉備といった。古代においては独立性の強かった政治圏に属し、のちに、備前、備中、備後の三国に分かれ、さらに、律令制による分国で備前の北方六郡が分かれて、和銅六年（七一三）に美作になった。最古の製錬遺跡は広島県カナクロ谷遺跡、戸の丸山遺跡、島根県今佐屋山遺跡など、六世紀のものである。炉の形は初期のものは箱型だ。箱型炉は、日本古来の製鉄法とされる踏鞴（たたら）を代表する炉形式であり、湿気を避け、熱が逃げるのを防ぐため、地面を掘って地下構造をつくる。しかし、初期の炉（図５－１）はこのような大掛かりなものではなく、野踏鞴と呼ばれ、ごく簡易的なものであったと考えられる。最古の炉と見られているカナクロ谷遺跡の炉は箱型である。炉の分布をみると、西日本は箱型炉が多く、東日本は竪型炉

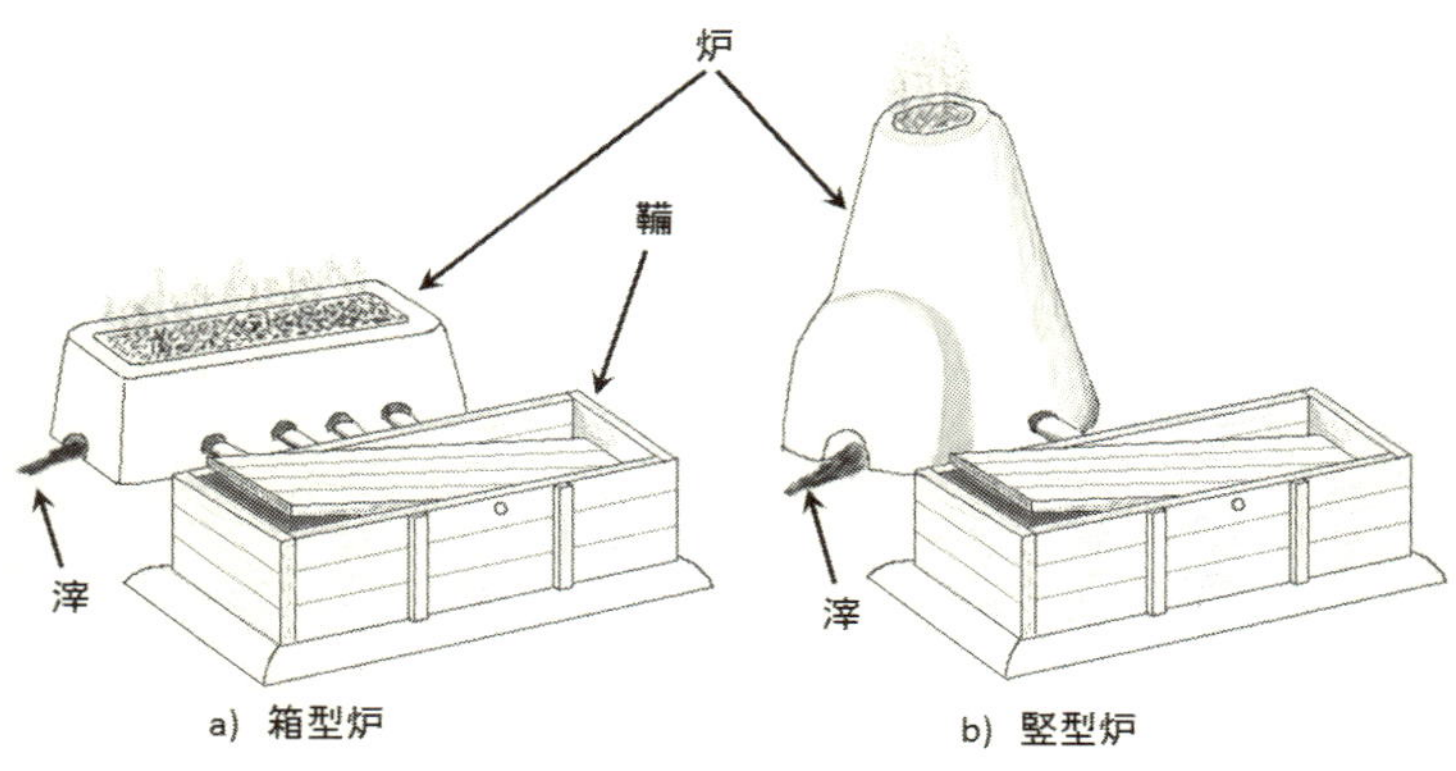

図５－１　箱型炉と竪型炉

が多い傾向がある。竪型炉が現れるのは八世紀である。製錬技術の広がりとともに、重要なのが炭焼き窯（がま）である。日本にみられるのは横口付炭焼き窯と呼ばれ、丘陵の等高線と平行に窯を築き、谷川に広い作業場を設け、その作業場から窯の横に出入用に複数の口を設けたものである。六世紀後半から七世紀のものが中国地方に多く分布し、九世紀になると北陸や東北南部にも分布するようになる。韓国には四世紀から五世紀の同型のものが確認されていることから、日本の炭焼きに強い影響を与えたとみられている。

伝説に見る鍛冶

また、朝鮮半島から製鉄の技術集団が続々と渡来した。韓鍛冶（からかぬち）と呼ばれている。『播磨国風土記』に記載されている「天日槍（あめのひぼこ）」は日本への鉄器文化の伝来を人格化したものとされるが、天日槍も一族とともに来日し、但馬に居を定めたという。天日槍を祀る神社が但馬、播磨に多い。

天日槍とその一族がもつ古代製鉄技術は播磨を中心に広

図5－2　造山古墳（© 国土画像情報〔カラー空中写真〕国土交通省）

がり、播磨に近い美作国にも影響を与えたとみられている。造山、作山、月の輪、金蔵山などに巨大な古墳（図5－2）を残しており、古墳を築造した経済力は大陸遠征などのための兵器生産などによってもたらされたと考えられる。『陵雨漫録』（作者不詳）に「石見、備中、備後の三国多く鉄あり、備中に真刀子（まがね）吹くという歌あり、延喜の御宇のころ真鉄の多く出たる証なり」と記載されている。延喜とは九〇〇年初期の時代である。

出雲に伝わる素戔嗚尊（すさのおのみこと）が八岐大蛇（ヤマタノオロチ）を退治して天叢雲剣（あめのむらくものつるぎ）を得た「肥の河上なる鳥髪の地」も出雲の製鉄と関係がある。素戔嗚尊は新羅の慶州に近い曾戸茂梨（そしもり）出身の韓鍛冶である。慶州の浜からは硫黄やチタンの少ない良質の砂鉄がとれる。日本に渡来し故郷の砂鉄と同じ原料を求めた素戔嗚尊は、出雲の国簸川の川上の「鳥上之峯」にやってきた。鳥上之峯の砂鉄は慶州のものと同様に質がよかったのである。当時、出雲の鉄の噂は朝鮮半島にまで伝わっており、韓鍛冶の集団渡来もこうした魅力によるものと思われる。素戔嗚尊によって助けられた人々は古くからここで砂鉄をとっていた集団で、八岐大蛇は古くから先住民族として出雲の海岸に住んでいた海人部族を指す。彼らは船に乗って川を遡り、略奪を繰り返していた。素戔嗚尊は末娘の奇稲田姫が八岐大蛇に生贄として取られることを嘆く老夫婦、脚摩乳と手摩乳の話を聞き、大蛇退治を決意する。大蛇に酒を飲ませ酔ったところを見計らい、剣をふるって退治した。その後、素戔嗚尊は奇稲田姫を娶っている。脚摩乳は出雲の国つ神、大山祇神の子で、出雲町には稲田の地名が残っている。

奈良時代、製鉄の技術をもった渡来人は律令国家を建設する目的で、鍛戸などの工人を昇格させ、官人として遇された。『続日本紀』の記録では、養老六年（七二二）、鉄製錬の技術者七一名が帰化し、官人として迎えられている。しかし、律令体制が整うと予算削減の目的で、天平一六年（七四四）、造兵、鍛冶の二司を廃止し、天平勝宝三年（七五一）には以前の工人の身分に戻している。

民衆と鉄

伯耆、美作、備中、備後、筑前などの国は租に鉄を貢納していた。鍬二〇挺が稲六〇束に相当した。「天平勝宝七歳越前国使等解」の資料によると、稲一束は舂米二升に相当するから、鍬一挺は米六升であり、この頃の米の生産性を考えると鉄は非常に高価なものであったことがわかる。鋤先は鍬と同じ米六升、鎌は米四升であった。人頭税（庸・調）としての貢納量は天長一〇年（八三三）の「令義解」賦役令第一〇によると、正丁一人当たり鉄一〇斤、鉄鍬なら三口程度であった。

奈良時代、唐の均田法にならって班田収授の制度を採用したが、田地の不足から口分田が不足し、それを補うために、三世一身法や墾田永世私財法を発布して新田の開墾を奨励した。しかし、労働力とともに鉄製の鋤、鍬や種籾が大量に必要で、実行できたのは大寺院や豪族、貴族など、当時の権力者だけであった。養老七年（七二三）には農民戸ごとに鍬一口を支給し、農業の推進を図った。そのほか、上級の官人に対しては季禄として大量の鍬が支給され、功労者には恩賞として鍬や鉄が贈られた。

奈良時代にはさまざまな農耕具が開発されている。用途に合わせて道具をつくり出す日本人の創作意欲は群を抜いている。『倭名類聚抄』によると、農耕具として、犂、鋤、鍬、鋳（鍬の一種）、熊手、鎌、大工道具では、鐇、斧、釿、槍鉋、鋸、鏨、鋘、鉄槌、彫刻用には、刀子、錐、角錐、鍛冶用として、炭を運ぶときに使う鉤状の炭鉤、鎚、鉄箸、鉄床、鉸、鏟、鑢子、鑽などが使われていた。さらに、鏨や鋸などの工具類は、使用目的に沿って、大きさや形状など何種類もつくられている。最古の鋸は、古墳時代中期の大阪府野中アリ山古墳から添木のついた小型のものが出土している。大阪府和泉黄金塚古墳から出土した長さ一四センチ、幅三センチ、厚さ一・五ミリの短冊形で両刃の鋸は、鍛造がよく、焼きも入っており、工具製作技術の高さを示している。また、僧房具として鉄炉、釜、鉄箸などが使われた。平安時代には香を挽く臼に鋳鉄製の鉄臼が登場し、鋏や剃刀、鉄製の火打石も平安後期に使われている。藤原明衡の『新猿楽記』（一〇六〇年頃）には、武蔵の鐙、播磨の針、能登の釜、河内の鍋、備中の刀、備後の鉄と記載されている。鉄製品の座は元永元年（一一一八）に東大寺に設置された。

この時代につくられた代表的な鉄器には、剣と寺院などを建設するときの釘、鉄鏡、鉄鉢、鉄磬、三鈷杵、錫杖などがある。剣は、四天王寺所蔵の丙子椒林剣、正倉院所蔵の金銀荘横刀、銅漆作大刀、金銀鈿荘唐大刀などがある。いずれも奉納用ではなく実用的なものである。そのほか正倉院には鉾や鉄鏃も多数所蔵されている。刀工としては、大和の天国、天座、筑紫の神息が著名である。天国作の毛抜形太刀は大宰府天満宮に蔵され、菅原道真公佩用のものとされている。正倉院南倉に蔵されている子日手辛鋤は年中行事用具で、天平宝字二年（七五八）正月の初子の日の農耕儀礼に用いられた。

鋳物技術

鎌倉時代から室町時代にかけては鋳物の生産技術が発達した時代である。鋳物の技術は、孝霊天皇時代に鋳物師の天命白置明神が河内丹南に居住し、その子孫が代々鋳物師として業を伝えたとされている。文武天皇の大宝三年（七〇三）、朝廷お抱えの鋳物師が藤原の姓を賜っている。鋳物師は技術が発達してくると、「鋳物由来書」なるものを創作して鋳物師の権威と伝統、特権を権威づけ、全国に広まっていった。当時は釜が煮炊き用の道具として使われており、天命釜、芦屋釜、京都釜、南部鋳物などの流派があった。天命釜は天応元年（七八一）に鋳物師が河内より移住し、のちに春日山西北に移り、一〇八一年頃からつくり始めたとされている。芦屋釜は筑前国（福岡県）遠賀郡の芦屋村で造られたもので、起源は建仁年代（一二〇一年頃）とされる。京都釜は古くから鉄の鋳造が行われており、鞍馬寺に平安時代作の鉄宝塔がある。『京都坊日記』に釜座のことが書かれており、工場制手工業の形態を整え、座を形成していたと思われる。南部鋳物は地元の古文献『烱屋旧記』によると、永禄年間（一五六〇～七〇年頃）、千葉土佐が備中吉備の鉄山師、千末大八郎、小八郎を招き、鉄冶技術を習得して始めたと記されている。しかし、東北の平泉文化の隆盛をみると、前九年の役（一〇五一～六二年）頃にはすでに東北でも鍛冶技術が進んでいたと思われる。また、一二五〇年頃に鉄仏の製作が盛んに行われ、東北から九州まで、全国各地で四〇体以上つくられている。

鉄の流通は、平安時代末期には特定の商工業者によって座の制度が確立し、大寺院や荘園の庇護のもとに特権的な取引をするようになった。しかし、鉄製品は高価であり、この頃の鉄の年間総量は正確な数字はないが年間約数百トン、多くても一〇〇〇トン程度と思われ、流通機構に乗っていたとはいえ、その量はまだ微々たるものであった。鎌倉時代に入っても、館を建設するときには、鋸や鉋などの工具や、釘、鎹（かすがい）などは、材料を用意して、自前で製作しなければならなかった。

武力への利用

刀剣は、平安時代にはそれまでの直刀から、そり、しのぎのある日本刀独特の形状になり、製造技術が完成し、各地にそれぞれの流派が現れている。さらに、平安時代末期からの武家の台頭に伴い、需要が高まった。同時に、鍛冶法とともに、素材である鉄の品質が大きな要素として認識されるようになった。鎌田魚妙著『本朝鍛冶考』（一七九五年）によると、「我国刀剣の鍛法、古代のその伝、あるいは深く秘して滅び、あるいは伝有りといえどもその人無くして多年黙止す、今鍛工秘書に記されたところによれば、伯耆国安綱、備前一文字以下数十工、粟田口久国、吉光等、来父子、備中青江、貞次、相模国行光、正宗、貞宗、広光、助貞、越中義弘、則重、出羽国月山、筑前左定行、大和当麻尻掛、千手院手撄保昌等その用うる鉄の出る所より造れる法の次第皆照々たり、備中鍛工は国の鉄、相州は鎌倉浜砂鉄を用う、粟田口は宍粟千草出羽鉄なり、皆口伝に存せり」とある。

室町時代には、日本刀が明国への重要な輸出品であった。永享四年（一四三二）の遣明船で日本刀三〇五〇把、永享六年（一四三四）には一万三〇〇〇把が一把二五〇〇文で輸出されている。その後、刀の値段は徐々に安くなり、一四八六年に三万八〇〇〇把輸出されたときには一把六〇〇文だった。日本刀は一五三九年までに一〇万把以上が明国に輸出されている。

江戸時代の鉄と踏鞴製鉄

踏鞴製鉄と聞くと宮崎駿監督の映画「もののけ姫」を思い浮かべる人が多いだろう。映画では製鉄によって豊かな森を追われた動物たちと、森を破壊する者との戦いが描かれていた。また、踏鞴場で作業している人の中には包帯で全身を覆ったハンセン病患者が登場していた。ハンセン病は昔から発生し、患者は「非人」と言われて差別され、物乞いなどで生計を立てていたが、寺院、僧侶などによる救済も行われ、社会の中で共存していた。映画の中でも、踏鞴場の支配者であるエボシ御前はハンセン病患者を集めてきて働かせていた。明治時代、ハンセン病患者を隔離する法律がつくられ、患者は強制的に隔離施設に収容されることになった。ハンセン病が伝染病ではなく治る病気とわかった後も偏見は色濃く社会に残ってきた。宮崎監督はそのような社会の偏見に対して映画の中で一石を投じているように思う。

慶長一六年（一六一一）八月、オランダ館長、ジャックス・スペックが南蛮鉄二〇〇個を徳川家康に、一〇〇個ずつを徳川秀忠と本多正純に献上した。元和七年（一六二一）には長崎県平戸のイギリス人とオランダ人が幕府の使者に鉄棒二把を贈り、その翌日には有馬候（松倉豊後守）に一把献上している。江戸時代初めには鉄が貴重で金銀と同じように贈答品だった。南蛮鉄の形状は、長さ一五センチ、幅広い胴部約五センチ、厚さは、厚い箇所で約二センチ、品質的にはリン、硫黄分の多い岩鉄鉱を原料とし、高温で製錬した鉄塊を、加炭材などを加えて高温で精錬し、鍛造している。低温還元してつくった和鋼の鉧塊（けらかい）に比べて、南蛮鉄は高温で溶かしているため均質だが、リンや硫黄が多く、刀には向かなかった。南蛮鉄の流入は寛永一〇年（一六三三）の鎖国令によって途絶したが、国内にはすでにかなりの量が持ち込まれており、元禄の頃（一七〇〇年前後）まで鍛冶に使用されていた。

古代には砂鉄を採集し、山中でこれを鉄にする専門家は踏鞴師と呼ばれ、一〇〇人以上の集団で、中国山脈を移動していたと考えられる。製鉄には手間がかかる。鉄原料の採掘にも、砂鉄を精選する鉄穴流し（かんな）にも、そして山林の伐採や炭焼きにも大勢の人出が必要で、チームを組まなければできない仕事である。山に木がなくなると別の場所に移動する、里の人とは隔絶した生活を行っていた。したがって、炉も野踏鞴と呼ばれる簡易的なもので、移動性の高いものだった。中世になると、土着の豪族や武将出身の鉄師という鉄山稼業家が現れ、山を所有し踏鞴師たちを吸収していった。踏鞴師たちは生活を保障される代わりに労働を強いられ、次第に漂流性を失い、山内に定住するようになった。こうした鉄師の台頭によって、踏鞴が製鉄としての手工業的な工業生産へと発展していった。踏鞴製鉄の技術的な完成は江戸時代中期とされている。

　踏鞴製鉄の原料には砂鉄が使われる。砂鉄は三浦半島、鹿島、九州各地、入間、鎌倉など、川、湖、海などいたるところで産出する。砂鉄には花崗岩を母岩とする酸性砂鉄と、安山岩を母岩とする塩基性砂鉄がある。山砂鉄と呼んでいるのは一般に内陸高地に産する砂鉄のことで、中国山地に多く、踏鞴の鉄源とされてきた。山砂鉄には踏鞴独特の分類によると、磁鉄鉱を主体とする酸性砂鉄に属する真砂（まさ）、赤鉄鉱と褐鉄鉱が混じっている塩基性砂鉄に属する赤目（あこめ）がある。真砂の場合は、三昼夜で鉧と呼ばれる鋼の原料が、赤目の場合は四昼夜で銑（ずく）、つまり銑鉄（せんてつ）の原料ができる。前者を鉧押し、後者を銑押しといった。鉄の含有量が高くチタン分の低い上質の砂鉄は、真の真砂と呼ばれ、黒雲母花崗岩に胚胎するもので、島根県鳥上近傍の牛の首や大菅が代表的な産地である。そのほか島根県では、羽内谷鉱山で花崗閃緑岩系の赤目真砂が、雑家鉱山で角閃石黒雲母閃緑岩系の赤目を産出し、これらは現在でも日立金属株式会社安来工場で刃物鋼の原料として使われている。

江戸末期から明治時代の鉄師には、出雲能義郡布部の家島、広瀬の秦、仁多郡竹崎の卜蔵、大谷の絲原、上阿井の桜井、飯石郡吉田の田部、神門郡奥田儀の櫻井、石見邇摩郡宅野の藤間、邑智郡矢上の三宅、那賀郡松川の石田、安芸国では山県郡加計の佐々木、伯耆では日野郡根雨の近藤、生山の段塚がよく知られている。いずれも、中世の豪族や武将に発する。これらの鉄師のもとで、蹈鞴がそれぞれ何か所も営まれていた。たとえば、飯石郡吉田の田部家の場合、明和六年（一七六九）当時、蹈鞴が菅谷、杉谷、杉戸、郷城の四か所、鍛冶屋が吉田町、杉戸、馬木、芦谷、油野、井原谷の六か所であった。

時代が下ってもこれらの数はほとんど変わらず、明治一六年（一八八三）には、蹈鞴は菅谷、杉戸、中谷、八重滝の四か所、鍛冶は吉田町、芦谷、恩谷、滝谷、杉谷、郷城の六か所であった。そのほかに、鉄穴と呼ばれる砂鉄の採取地と鉄山と呼ばれる木炭製造用の山林があった。鉄穴は明治一六年、菅谷鑪附属のものが一二か所、杉戸鑪附属が八か所、中谷鑪附属が八か所、八重滝鑪附属が一七か所で計四五か所、鉄山は文政一二年（一八二九）、飯石・仁多両郡で合計六二一か所であった。

こうして鉄師は、その膨大な山林を基盤として、鉄穴には鉄穴師を、鉄山には山子を、蹈鞴には蹈鞴師を、鍛冶場では鍛冶を働かせ、これらをつなぐ馬方を掌握するという組織をつくり上げていった。組織の構成は、菅谷鑪の場合、明治一八年に菅谷鑪の支配人から田部家の番頭に届け出た資料では、山内の住人は戸数三四戸、人数一五八人、そのうち仕事男は五二人であった。その三四戸の職種は、村下職一、村下職援助（炭坂）一、鉄穴師職一、炭焚職二、鉄打職（製品の選別）九、山子職一七、内洗職一、後家一、不明一であった。村下とは踏鞴師の技師長である。炉を動かすには、村下とその援助の炭坂が各一名と炭をくべる炭焚二名のほかにふいごを踏む番子が二名三班、計六名必要である。番子はとくに技術が必要ないので、ほかからの応援で補っていたと思われる。そのほか、全体を差配する踏鞴手代とその家族もいたはずである。

菅谷の踏鞴が操業を始めたのは元和元年（一六一五）で大坂夏の陣があった年である。以後、江戸期から明治期いっぱい操業し、踏鞴製鉄が近代式の製鉄に取って代わられた大正一二年（一九二三）まで三〇〇年以上続いた。踏鞴山内の集落の中心には高殿が建てられ、中には横型炉が据えられている（図5－3）。炉の両脇にはふいごが装備されている。ふいごで送風するとものすごい炎が吹き上がるため、天井が高くつくられ、それを高殿と呼んだのである。高殿の周りには住人の住居があり、踏鞴の神である「金屋子」を祀る神社がある。踏鞴が高殿の中に置かれるようになった時期は明らかではないが、一八世紀にはほとんどの踏鞴が高殿を備えていた。

踏鞴の極意は、一に釜、二に土、三に村下といわれる。釜とは炉のことで、踏鞴の炉は操業のたびに築造され、終わると解体されて中から鉧と呼ばれる鉄塊を取り出す（図5－4）。土とは炉をつくるときに使う土である。炉づくりと土の選定が踏鞴の操業の成否の鍵を握り、村下の知識と経験がものを言う世界である。炉を築造する床には床釣りと称される大掛かりな地下構造がつくられている（図5－5）。湿気を取り去り、熱が逃げるのを避けて、炉の内部の火力を上げるためである。炉の床

a）高殿の外観

b）高殿内部の横型炉

図5－3　蹈鞴（たたら）製鉄（提供／a：〔公財〕鉄の歴史村地域振興事業団、b：島根県安来市　和鋼博物館）

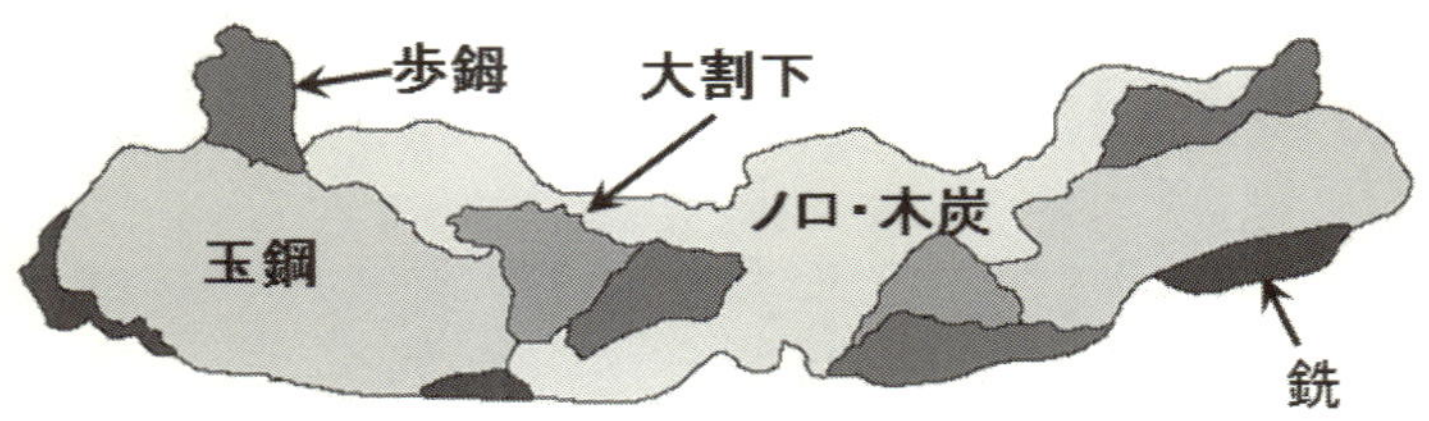

図５－４　踏鞴の炉から取り出された鉧（けら）とその構成（鉧写真提供／刀剣博物館〔公益財団法人日本美術刀剣保存協会〕、島根県安来市　和鋼博物館）
玉鋼：１級は炭素量約1.0～1.5％を含有し、破面が均質なもの、２級は炭素量約0.5～1.2％を含有し、破面が均質なもの。銑（ずく）：炭素約2.1％以上を含有し、均質なもの。歩鉧：鋼・半還元鉄・ノロ（鉄滓）・木炭などが混じったもの（大鍛冶用素材となる）。大割下：炭素0.2～1.0％を含有する鋼と多少の半還元鉄やノロを含むもの。

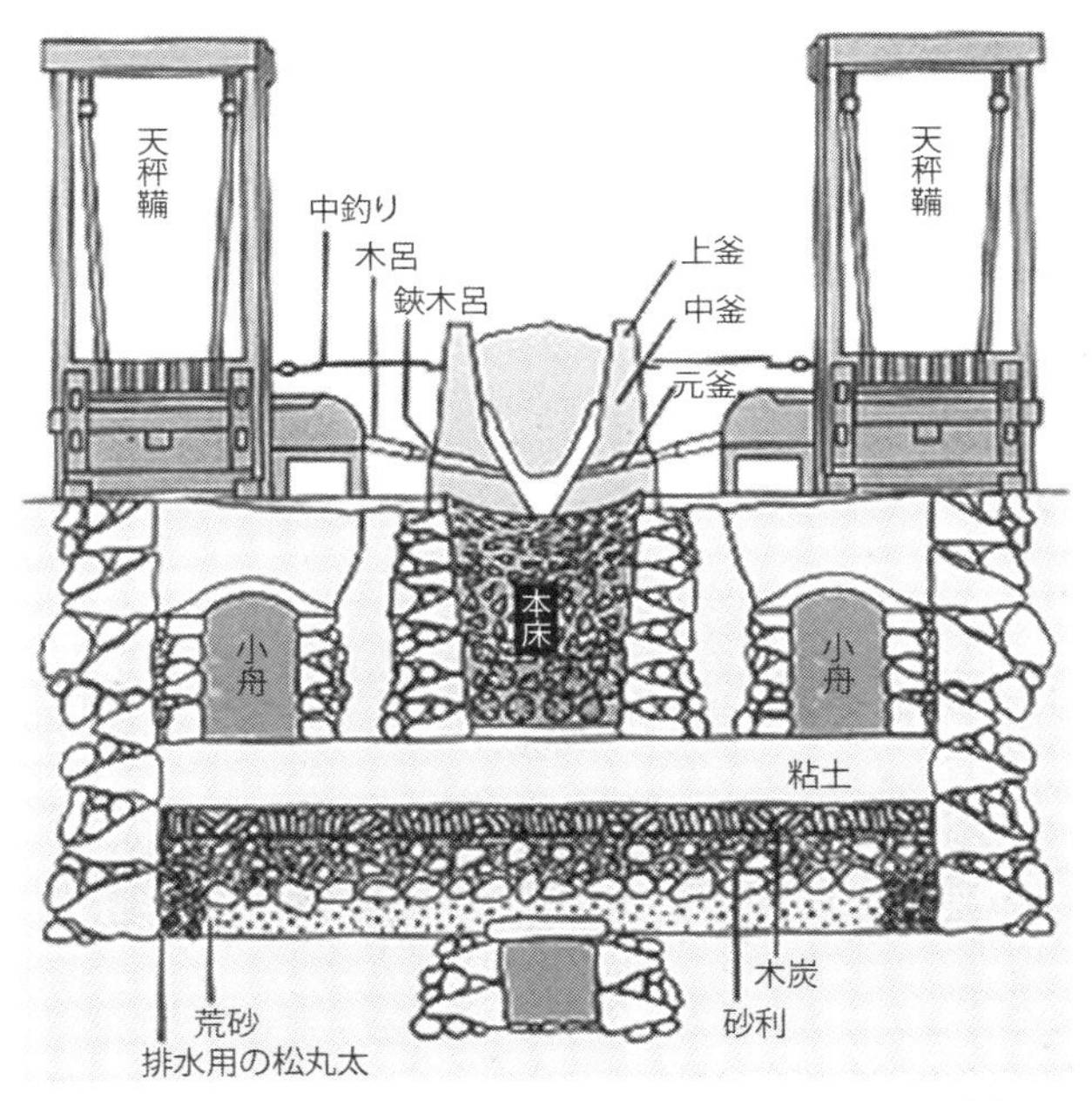

図５−５　蹈鞴の炉と地下構図（提供／島根県安来市　和鋼博物館）

面積よりも一回り大きく、深さ三～五メートルの濠を掘る。濠の側面には、湿気抜きのため、節抜きの竹を立てたり石垣を積んで覆い、底面には傾斜をつけて、にじみ出る水を排除する。次いで、石畳を敷き、石畳に排水用の溝をつける。その上に筵（むしろ）や薪を敷き詰め、粘土を厚さ五〇センチほど入れて突き固め、さらに丸石を敷き、小石を詰める。これを幾層も積み重ねる。加えて、充填剤として、よく乾燥させた土や灰、木炭などが使われた。

　蹈鞴から取り出された鉧の中にはいろいろな炭素量の鉄や滓（かす）が混じっている（図5－4下）。それを砕いて等級に分けられる。等級には、日本刀など刃物の原料になる玉鋼一級から三級品、炭素量が多く鋳鉄や包丁鉄（錬鉄）の原料になる銑、鋼、滓や半還元鉄を含む大割下、半還元鉄、滓、木炭などが混じった歩鉧（ぶけら）などがある。銑、大割下や歩鉧は鍛冶場に送って、そこで滓を絞り、脱炭、鍛錬されて鋼や包丁鉄、鋳鉄などに加工され、さまざまな道具鉄の素材となる。

　蹈鞴の言葉で、送風の開始から鉧が取り出されるまでの一期間を「一代（ひとよ）」、炉を稼働することを「吹く」といった。鉧押し一代には炉づくりを含めて四昼夜かかる。菅谷の蹈鞴は、江戸時代末期から明治時代初期にかけては、一年に約六〇代、操業の開始から山を閉じるまで、八六〇〇代吹いた記録が残っている。一年といっても、夏の暑い時季は休むので、一〇か月、三〇〇日である。準備の日数も入れるとほぼ休みなく稼働していたことになる。

　一代に鉄が一二〇〇貫とれる。それに要する砂鉄は四〇〇〇貫、木炭が四〇〇〇貫である。四〇〇〇貫の木炭をつくるのに必要な森林の面積は約一ヘクタールといわれ、年に六〇代吹くと、年間六〇ヘクタールの森林の樹木が伐採される。丸裸になった森林が復元するのに三〇年かかるので、一つの蹈鞴を操業し続けるには一八〇〇ヘクタールの森林が必要である。そのほかに鍛冶場でも木炭が使われ、森林が伐採される。また、一年に六〇代吹いているから、江戸末期から明治初期の菅谷鑪での鉄の生産量は年間二七〇トン、江戸時代中期の平均的な操業回数、年三〇から三五代では約一五〇トンである。明治二〇年（一八八七）の島根県物産資料によると、県内に蹈鞴、鍛冶場はともに七〇か所あり、粗鉱生産量五三七〇トン、そのうち鋼五六〇トン、銑三八〇〇トン、鉧一〇一〇トンであった。原料には、砂鉄二万三八〇〇トン、薪炭二万七七〇〇トンが用いられた。

江戸時代の鉄の生産量については、正確な数字がないが、初期で三〇〇〇~五〇〇〇トン、中期一万トン、後期一万四〇〇〇トンと推定されている。『大阪編年史』の正徳四年（一七一四）諸色商売物員数并代銀寄に大阪に上った物資の明細があるが、その中に鉄が一八七万八〇〇〇貫（約七〇〇〇トン）とある。『明治前期産業発達史資料』（明治七年（一八七四））第一集の府県物産表では、錬鉄一万トン、鋼五四四トン、銑八九〇〇トンとなっている。明治一二年（一八七九）には約三万トンの鉄が輸入されている。

近代製鉄の幕開けと鉄文化

嘉永六年（一八五三）、ペリーが伊豆の下田に来航した。外国の脅威にさらされた幕府は江戸防衛のため品川沖に台場を設け大砲を配備する計画を立て、江戸湾海防の実務責任者で伊豆韮山代官、江川英龍に反射炉（第4章3節参照）の建造を許可した。江川は伊豆韮山に、蘭書『ロイク王立鉄製大砲鋳造所における鋳造法』（ウルリヒ・ヒューゲニン著）をもとに反射炉の建造に着手したが、安政二年（一八五五）に反射炉の完成を見ることなく病死した。

遺志を継いだ子の江川英敏は蘭学の導入に積極的で反射炉の建造も行っていた佐賀藩に応援を求め、反射炉は着工から三年半の歳月をかけて、安政四年（一八五七）にようやく完成した。反射炉は連双式の炉二基を直角に配置した形で、四つの炉を同時に稼働することができた。鋳鉄の原料には踏鞴でつくられた銑が用いられたが、銑はチタン分を多く含むため、できた鋳鉄がもろく、大砲にすると砲身が破裂した。長崎に入港する船のバラスト（船を安定させる鉄製の重り）を用いるなどして、やっと大砲が完成したという。大砲は全長三・五メートル、重さ三・五トン、二四ポンド（約一一キログラム）の弾を発射することができた。元治元年（一八六四）に使用が中止されるまで数多くの大砲が鋳造され、品川沖には二八門が配備された。反射炉は、佐賀藩と伊豆韮山のほかにも薩摩藩、鳥取藩などで建設され、操業されている。しかし、一八六〇年頃になると、急速に高まった反射炉の建設熱は一気にしぼんでしまう。国内での銑鉄の供給能力に限界があるうえ、大型の大砲の製作が困難だったからだ。最終的には、海外から完成品を購入するようになった。

日本の近代式製鉄は、大島高任が盛岡藩大橋（釜石）に高炉を建設し、安政四年（一八五七）一二月一日、鉄鉱石製錬による連続出銑操業に成功したことで始まった。現在でも一二月一日は「鉄の記念日」になっている。これまで製鉄には主に砂鉄が原料として用いられていたのに対し、鉄鉱石を使用した初めての洋式高炉である。また、西洋から導入した反射炉や大砲の鋳造が苦難の道をたどったのに対し、西洋技術を利用し続けた唯一の例でもある。創業当初は日産〇・七五トンであったが、その後改良を重ね、日産一トンにまで生産性を向上させた。明治維新直前までに一〇基の高炉が稼働している。

明治時代になると、国が製鉄に参入した。政府は釜石に官営の鉱山と日産二五トンの高炉二基、さらに鉱山専用の鉄道を建設するという、国家主導の製鉄産業を計画したのである。ドイツ人技術者ルイス・ビヤンヒーに製鉄所の計画を依頼し、高炉、錬鉄炉、圧延機などの基幹設備と蒸気機関などの付帯設備一式をイギリスから輸入し、明治一三年（一八八〇）に操業を開始した。操業に当たって、ドイツ人一名とイギリス人技術者九名が技術指導に当たったが、日本の石炭は欧州の石炭に比べて灰分が多く発熱量が低いため、炉の中で固まってしまい、うまくいかず、三年後に閉鎖された。明治一八年（一八八五）、実業家の田中長兵衛は鉱山と製鉄所を買い取ると、製鉄所の敷地に日産四トンの小型の高炉を二基建設し、小規模な銑鉄生産を目指した。翌年、高炉の操業に成功し、一八八七年に釜石鉱山田中製鉄所を創立した。一八九四年には、それまで放置されていた二五トン高炉を改修し、コークスを使った銑鉄製造に成功した。ここに初めて近代製鉄の火がともったのである。

戦争による鉄需要

鉄資源の乏しい日本は日清戦争を足掛かりに中国への進出を開始する。しかし、それにより鉄の需要は増大した。そこで、政府は明治二八年（一八九五）、国家事業として製鉄所の建設を決め、明治三〇年（一八九七）に背後に筑豊炭田を控え、海陸輸送にも便利な福岡県八幡村を建設予定地に決定し、日産一六〇トンの高炉の建設に着手した。一九〇一年二月、高炉に火入れを行い、官営八幡製鐵所の操業を開始した。しかし、八幡製鐵所が操業を始めても鉄の供給不足は続き、とくに日露戦争後の需要増は著しく、民間資本による鉄鋼企業の勃興が望まれるようになった。政府は大正六年（一九一七）に製鉄業奨励法を制定し、営業税、所得税の免除、必要設備の輸入税の免除などの優遇措置を実施し、民間資本の導入を図った。この優遇策と第一次世界大戦による好況で多数の製鉄会社が設立され、鉄の生産能力は大幅に増大した。一九一〇年の粗鋼生産量二五万トンが、一九二〇年には八一万トンに達し、一九三〇年には二二九万トンにまで増大した。一九三九年には戦前の最大となる六八五万トンに達している。しかし、それでも世界の生産量の三パーセント、アメリカの九分の一にすぎなかった。

第二次大戦直後、稼働可能な高炉は三基のみで、一九四六年の粗鋼生産量六五万トンにまで落ち込んだが、復興需要で生産量が回復し、一九五五年には戦前の最高水準を超えた。一九六〇年には池田勇人内閣が国民所得倍増計画を発表し高度経済成長が始まった。重化学工業を中心とした設備投資や自動車、造船、電機といった機械産業の生産拡大によって鉄鋼需要は大幅に拡大した。高炉の大型化と操業技術を中心とした製鉄技術の進歩によって、日本の製鉄は技術面でも生産コスト面でも世界の最高水準に達した。高品質の自動車用や船舶用の鋼材は高性能の自動車や船をつくり出し、世界を席巻した。製鉄は工業国日本の産業を下支えし、高度成長の牽引役となっていったのである。

二〇一五年時点で、中国が世界の粗鋼生産量の四九・三パーセントを占める。日本は六・五パーセントだ。欧米と合わせても世界の二一・六パーセントにすぎない。今や鉄鉱生産の中心は、中国、インドなどの新興国に移っている。製造コストで先進国は新興国に太刀打ちできないためだ。しかし、中国経済の減退を背景に、中国国内の鉄鋼製品は供給過剰の状態にあり、余剰分が輸出市場に流れ込んでいる。このため国際競争が激化し、汎用規格製品は新興国が、先進国は自動車メーカー向けなど、特定分野への高付加価値製品を中心に競争力を確保している状態である。

第6章 エネルギーの火

動力への変換

産業革命以前の動力

動力とは、力を出して物を動かす働きである。人類は古くから水の汲み上げや、小麦を挽く臼を動かすのに風車や水車など、自然の力を利用してきた。船に帆を張って進む帆船も、風の力を利用した乗り物である。しかし、太古の昔から火を利用していたにもかかわらず、火を動力として利用できることに気がついた人は少なかった。

最初に火を動力源として利用したのは、エジプト、アレクサンドリアのヘロンであろう。紀元後まもなくのことである。水の入った蒸気罐を加熱し、罐から出る蒸気の力を利用して、回転体を回す反動タービンである。ヘロンの蒸気機関は神殿の扉を開く目的で使っていたとの説がある。

もう一つは火薬の利用であろう。黒色火薬は、八世紀頃中国で発見されたと伝えられる。火矢や信号を打ち上げることが目的の反動式ロケットが最初である。もちろん、鉄砲や大砲も火を動力源にしている。ただし、前述のように弾丸を射出するのはピストン作用なので高圧に耐える筒が必要だが、ロケットは低圧でも動作し、製作も簡単で安全なため、利用が早かった。

一六世紀、ヨーロッパの竈(かまど)に煙突が設置されるようになると、煙突の中に風車を置き、煙突の中を上昇する気流を利用して風車を回すガスタービンが登場した。肉を焼く串を火の上でゆっくり回す目的に使われた。竈の火の排熱を利用したものであり、非常に実用的でヨーロッパ各地に普及した。

以上、わずかではあるが、ヘロンに始まり、古代から近世にかけて、火を動力源として利用した人々の足跡をみてきた。しかし、これらによって得られる動力は非常に小さな力であり、人力や畜力に勝る力を得ることはできなかった。このため、動力源としての火の能力が意識されることはなかったのだろう。火から動力を取り出す、あるいは火の熱を動力に変換するという着想は、近代科学の発展で気体の性質が明らかになった一七世紀以降にようやく起こったのである。

蒸気機関

人力や畜力をしのぐ本格的な熱機関はイギリスで発展を遂げた。始点となったのは、一七一二年、トーマス・ニューコメンの発明である。水を入れた蒸気罐を加熱し、発生する蒸気を利用するが、シリンダー容器の中に蒸気を入れてピストンを押し上げ、そこに水を噴霧して凝縮させると、中が減圧

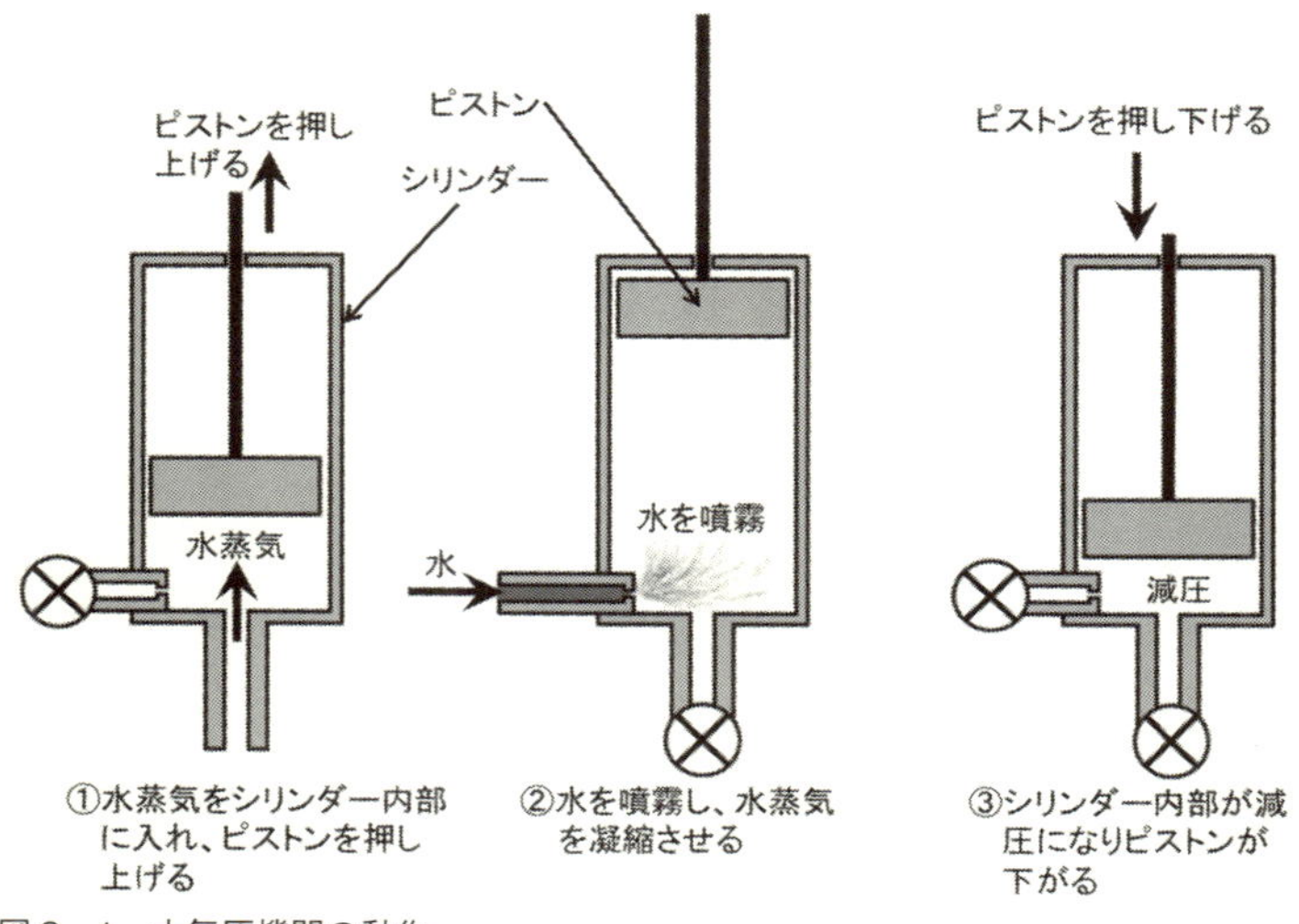
ピストンを押し上げる
シリンダー
水蒸気
ピストン
水を噴霧
水
ピストンを押し下げる
減圧
①水蒸気をシリンダー内部に入れ、ピストンを押し上げる
②水を噴霧し、水蒸気を凝縮させる
③シリンダー内部が減圧になりピストンが下がる

図６－１　大気圧機関の動作

になり、大気圧によってピストンが押し下げられる力を利用している。いわゆる大気圧機関である（図６－１）。

今日の蒸気機関は高圧蒸気機関と呼ばれる仕組みで、蒸気を加圧し、大気圧との圧力差を利用してピストンを押し上げる力を利用する。蒸気の圧力が高ければ高いほど大気圧との圧力差が大きくなり、大きな動力が得られる。しかし、当時の鋳鉄はもろく、設計技術、製作技術も未熟だったため、高圧蒸気は危険で使えなかった。これに対し、大気圧機関は、大気圧での飽和蒸気を利用する。このため、一〇〇℃と室温との飽和蒸気圧の差しか利用できず、たかだか一気圧、熱効率は最大でも四パーセント程度である。蒸気罐や気筒の効率を考慮すると、熱効率はさらに低下し、一パーセント未満であったと推定される。

ニューコメンの大気圧機関は、主に炭鉱の水汲みに使われた。当時、鉄鉱石の製錬にコークスが使われるようになり、石炭の需要が急増していた。石炭を掘ると水が染み出してくる。放っておくと水没してしまうので、最初は大量の馬を使って昼夜を分かたずポンプを動かしていた。しかし、馬の飼育費がかさみ、採算が取れなくなっていた。大気圧機関は、動かすのに掘り出した石炭の四割を燃やしたという。それでも、五〇年近く実用的に使われた。

ニューコメンの蒸気機関に分離凝縮器を付加し、改良したのがジェームズ・ワットである（一七六九年）。分離凝縮器を設けることで燃料消費は約四分の一に減少した。ニューコメンの蒸気機関にしても、ワットの蒸気機関にしても、水汲みポンプには回転軸がなく、ピストンの往復運動だけである。しかし、紡績などの作業機械や工作機械に利用する場合は軸回転方式が一般的である。ワットは一七九四年、ジェームズ・ピッカードがもっていたピストンの往復運動を回転運動に変換するクランク・コンロッド方式の特許が切れると、これを採用した。以後、長らくこの方式が採用され、ワットは汎用蒸気機関の開発者として、その地位が不動のものとなった。

ところが、大気圧機関は蒸気を冷却するのに大量の水が必要であり、用途が工場や船舶などの据付け用に限定されてしまう。鉄道などの移動用には、蒸気を加圧して大気圧以上の部分を使用する蒸気機関が必要であった。リチャード・トレビシックは一八〇五年、二気圧の蒸気を使用した蒸気機関車を完成させ、鉄道車両を走らせた。しかし、当時は製鋼法や設計法が未熟なため、蒸気罐の爆発事故が多発し、非常に危険な乗り物だった。蒸気機関車はその後改良を重ね、一八二五年、ジョージ・

スティーブンソンがビショップオークランド周辺の炭鉱とストックトンのティーズ川を結ぶ総延長四〇キロメートルの区間で旅客輸送の営業運転を開始した。しかし、当時の蒸気機関が危険であることに変わりはなく、一九世紀から二〇世紀初めにかけて、ヨーロッパ、アメリカで記録に残っているだけでも、一万件以上の爆発事故が発生している。

内燃機関

一九世紀は熱機関が大躍進した時代である。さまざまな方式の熱機関が考案された。その中に、動作用のピストン仕掛けがあるだけで、火はシリンダーの中の動作流体の中で直接焚く、内燃機関の構想もあった。蒸気罐も蒸気を冷やして液体の水にする凝縮器もいらない、非常に軽便、小型な熱機関である。一八三〇年代以降、さまざまな方式の内燃機関が考案されたが、実用には至らなかった。

世界最初の実用エンジンは一八六〇年、フランスのジャン・ジョゼフ・エティエンヌ・ルノアールによってつくられた。燃料には石炭を乾留したときに得られる乾留ガスが使われた。ルノアールのエンジンは蒸気機関並みに静かで、回転はなめらか、信頼性が高かった。最初のエンジンは熱効率三・五パーセント程度で、開祖ニューコメンの蒸気機関程度の性能しかなく、当時、現役の蒸気機関に比べると性能面では太刀打ちできなかった。しかし、蒸気罐も凝縮器もないことは大きな特徴で、石炭を焚く手間もないことから、非常に軽便で魅力的だった。ヨーロッパ各地で、エンジンの改良が進められた。さまざまな改良案が出されたが、思うような効果が上がらず、一時は好評を博したものの、燃料消費量の多いことが障害となってきた。当時、乾留ガスは非常に高価だったのである。石炭を直接燃やす蒸気機関と比べて運転経費面で不利であった。

一八六二年、フランスのボー・ド・ロシャが内燃機関で高い効率を上げる条件とそれを実現するための具体策を論文にまとめ、パリで刊行した。

高効率の条件は、

①気筒の体積当たりの冷却面積はできるだけ小さいこと
②熱ガスの膨張はできるだけ急速であること
③膨張はできるだけ大きいこと
④膨張の始まる前の気筒内の圧力はできるだけ高いこと

の四点であり、この条件を満足させる具体策として以下の四点を挙げている（図6－2）。

①ピストンの外行工程いっぱいを使って混合気を吸い込む
②次の内行工程いっぱいを使って圧縮する。上死点あたりで点火する
③次の外行工程いっぱいを使って膨張させる
④次の内行工程いっぱいを使って燃えカスを排除する

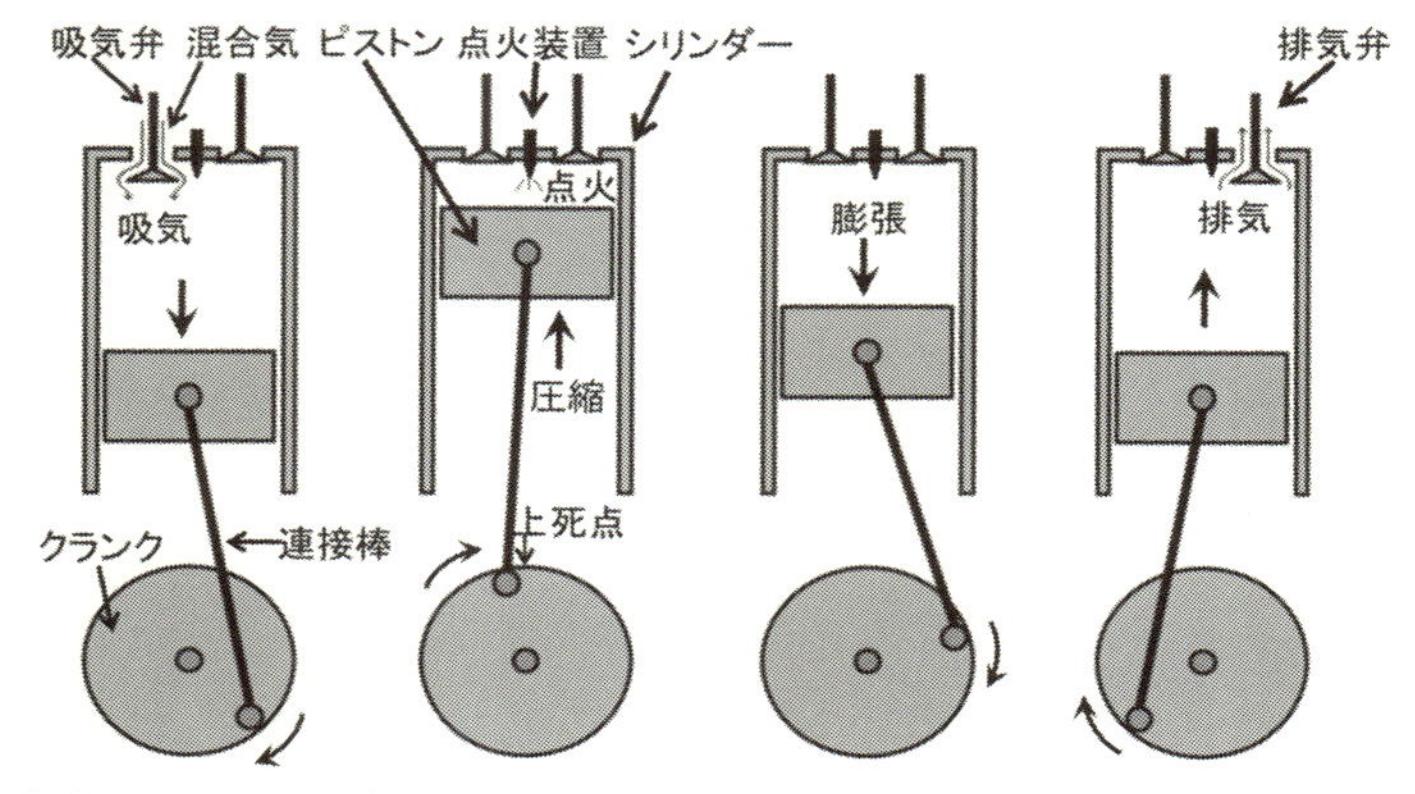
吸気弁
混合気
ピストン
点火装置
シリンダー
排気弁
吸気
点火
膨張
排気
圧縮
上死点
クランク
連接棒
①ピストンの外行程いっぱいを使って混合気を吸い込む
②次の内行工程いっぱいを使って圧縮する。上死点あたりで点火する
③次の外行工程いっぱいを使って膨張させる
④次の内行工程いっぱいを使って燃えカスを排除する

図6－2　4ストローク機関の動作

加えて、彼は点火についても、圧縮熱が使え、最初の体積の四分の一まで圧縮（圧縮比四）すれば足りることを付言している。この提言は、核心を突いたもので、今日の四ストローク機関の動作を言い当てている。しかし、気体を圧縮し、さらにそこに火をつければ、圧力はさらに高くなる。当時、開発者は皆、爆発の危険を恐れ、何とか最高圧のところを避けようとして苦心していたため、ロシャの論文は狂気の沙汰と受け取られた。しかし、一八七六年、ドイツのニコラウス・アウクスト・オットーが四サイクル・エンジンを完成させたのである。圧縮比は約三で、火炎式の点火装置を装備している。当然、燃焼時の最高圧は高くなるが、それに耐えるだけの材料面、構造面および工作技術の進歩があったことがわかる。熱効率は一四パーセン

トに達した。このエンジンは好評を得、瞬く間に世界中に普及した。オットーのエンジンの登場で内燃機関は実用の軌道に乗った。こののち、今日に至るまで根本的な構造の改変はない。

オットーの四サイクル・エンジンは、吸気、圧縮、膨張、排気の工程が確実に行われる。しかし、燃焼が二回転に一回のため、大きな弾み車をつけないと回転がぎくしゃくするのが欠点であった。何とか一回転に一回の燃焼にできないか、開発が続けられた。一八八一年、イギリスのデュガルト・クラークが二サイクル・エンジンをパリの博覧会に出品し、注目を浴びた。吸気を〇・三気圧程度に予圧する室があるが、新しい混合ガスで燃焼後の排ガスを押し払う掃気法を採用し、掃気、排気、吸気、圧縮、膨張を一回転で行う。排気と吸気を同時に行うため、新しい混合ガスが排気孔に吹き抜けるのが欠点だが、熱効率はオットーの四サイクル・エンジンと同程度であった。一八八九年、イギリスのジョセフ・デイは予圧室も弁もない、簡素化の極致ともいえる二サイクル・エンジンを完成させた。

内燃機関の実用の拡大とともに必然的に出力の拡大が望まれるようになると、ほとんどのエンジンが、簡単で確実性、信頼性、耐久性の高い、オットーとデイのものに絞られ、今日に至っている。

内燃機関の普及に伴い、使用する燃料も、乾留ガス以外にガソリンや軽油の利用が望まれるようになった。ガソリンを使用した内燃機関の開発は、一八八三年、ドイツのゴットリープ・ダイムラーによって行われた。オットーの四サイクル・エンジンの手前に、ガソリンを気化して混合ガスをつくる気化器を設けたのである。ダイムラーは、ガソリンエンジンを路上走行車に適用することを第一目標とし、一分間に二〇〇〇回転程度だったエンジンの回転数を八〇〇〇回転まで高め、小型で高出力のエンジンを完成させた。彼は最初、このエンジンを二輪車に積み、成功を収めた。続いて四輪車にも適用し、それまで蒸気機関が主流だった四輪車はガソリンエンジンに置き換わっていった。ガソリンエンジンはダイムラーの成功で、航空機用のエンジンとしても注目されるようになる。一九世紀後半は航空熱の高まった時代であり、それまで航空機用の動力は蒸気機関が最も有力だった。蒸気機関で飛行船が飛んでいたし、模型飛行機でも成功していた。ダイムラーのガソリンエンジンが登場するまで、内燃機関はルノアールやオットーの機関しかなかったが、それらは馬力当たりの重量が重いため、航空機用としては使えなかったのである。

ディーゼル機関は、内燃機関の開発の最後に登場した形式である。燃料が石炭ガスからガソリンに拡大されると、開発の方向はもっと気化しにくい重質の燃料へ、点火方式も圧縮熱を利用した方式へと進んでいった。重質の燃料をエンジンに供給するにはこれまでと異なる方法が必要になる。さらに、気化熱を利用するには、これまで三程度であった圧縮比を一〇以上に高める必要があった。これまではなるべく高圧を避けて爆発の危険を回避してきたのだが、圧縮比を高めると、ピストンや気筒など、エンジンの部品に格段の頑丈さが必要になる。

一八九七年、ドイツのルドルフ・ディーゼルは開発に五年の歳月をかけて製品化に成功した。ミュンヘン大学のシミュレーターで試験を行い、燃料に灯油を使用し、二〇馬力、熱効率二五パーセントを達成したのである。この値は、石油を燃料に使用した内燃機関では群を抜く値である。しかし一方でガス燃料を使用した内燃機関は発達の頂点に達し、一九〇〇年頃には、三〇〇〇馬力、熱効率三〇パーセントに達していた。

石油燃料を使用してガス燃料に迫る性能を出せたことに対しては高い評価を得たが、燃料の噴霧に一〇〇気圧以上の高圧空気が必要で、そのための装置が大掛かりで高価となり、二輪車や四輪車で使えるような手軽なエンジンにはならなかった。また、エンジンには高度な工作技術が必要なため、このエンジンをつくれる工場は当時、世界でも少なかった。このため、ディーゼル機関の普及は遅々として進まず、ディーゼルは発明者として、経済的に報われることはなかった。

普及が進むのは、一九二〇年以降で、工業の進歩によって、高圧に耐える設計、材料ができ、圧縮比二〇、最高圧力一二〇気圧が危惧なく実現できるようになってからである。燃料の噴霧方式も、一九三〇年頃になると、高圧空気を使わずに、直接噴霧が可能になった。

今、内燃機関の燃料にトウモロコシやサトウキビなどからつくったエタノールを添加した燃料が、ガソリン価格の高騰、地球温暖化への関心の高まりを受け、注目されている。トウモロコシやサトウキビからつくったエタノールはバイオエタノールと呼ばれ、燃えて排出される二酸化炭素は植物の成長時に再び吸収されるため、環境への負荷が小さい。日本では二〇〇七年から、ガソリンにバイオエタノールを三パーセント添加したE3ガソリンの試験販売が行われてきた。二〇一二年からはE10対応ガソリン車向けにバイオエタノールを一〇パーセント添加したE10ガソリンが販売されている。また、自動車にも電気モーターが使われ始め、内燃機関と組み合わせたハイブリッド自動車が実用化されている。

ガスタービン

ガスタービンエンジンは、一八七二年、ドイツのフランツ・シュトルツェによって、現在のターボジェットエンジンとよく似た仕組みの試作機がつくられた。オットーの四サイクル・エンジンの完成より早い時期である。

ガスタービンは圧縮機で加圧した空気に燃料を混合して燃やし、その熱で高温高圧になった気体をタービンで膨張させ、動力や推力などの力学的なエネルギーを取り出す。同時に、その一部を使って圧縮機を動かし、空気を圧縮する。ガスタービンは構造上、タービンによって生み出されるエネルギーに対して、空気を圧縮する圧縮機のエネルギーの割合が大きく、圧縮機の性能、効率の影響を受けやすい。これらの値が悪いと、正味に取り出せるエネルギーが小さくなってしまう。さらに、熱機関の理論効率は、高熱源と低熱源の温度差で決まり、高熱源の温度が高いほど効率を高くできる。初期の頃は高温に耐える材料がなかったためタービンの入り口温度を上げられず、また、流体工学も発達していなかったため流れの損失が大きく、圧縮機、タービンともに効率が悪かった。

蒸気タービンは、一八八三年、スウェーデンのカール・グスタフ・P・ド・ラバル、翌八四年にはイギリスのチャールズ・A・パーソンズによってそれぞれ完成している。蒸気タービンは、もともと加圧された水蒸気をタービンで膨張させるだけなので、ガスタービンに比べて動力を取り出しやすい。ラバルのものは単段衝動タービン、パーソンズのものは多段反動タービンで、設計思想はまったく異なるが、両タービンは現在でもほとんど構造の改変がなく使われている。現在、発電所で使われている蒸気タービンの九割はパーソンズの考案したのと同じ多段反動式である。その後の蒸気タービンの進歩は目覚ましく、蒸気温度は二五〇℃から、二〇世紀の終わりには五五〇℃程度まで上昇し、それに伴い圧力も一五気圧から一五〇気圧程度に、出力も一〇〇〇倍以上に増えている。蒸気タービンは、発電用だけでなく、船用エンジン、ポンプ、圧縮機などに利用されている。

ガスタービンは蒸気タービンに加えて、高圧発生のための回転圧縮機の使用が不可欠だが、高効率のものができなかった。このため、開発は長いこと放置されてきた。しかし、二〇世紀に入ると航空機の発達で高速流体力学が進歩し、一九二六年、イギリスのアラン・アーノルド・グリフィスがガスタービンの流体力学理論を発表した。一九三〇年代には、スイスのブラウン・ボベリ社が蒸気タービンを使った加圧燃焼式ボイラーと熱効率で対抗できる性能の発電用ガスタービンの開発に成功した。この成功はレシプロエンジンによるプロペラ方式に限界の見えていた航空機分野で開発を加速させた。ターボジェットエンジンである。プロペラ方式の場合、機体が音速に達するより先にプロペラの回転速度が音速に達し、衝撃波によって推進効率が著しく減少するため、速く飛べなかったのだ。

一九三〇年、イギリスのフランク・ホイットルがターボジェットエンジンの特許を取得し、一九四二年にロールス・ロイス社の協力を得て実用品を完成させた。最初のエンジンは、推力七七〇キログラム、自重三八五キログラムであった。次型のエンジン、推力二トン、自重七〇〇キログラムのエンジン二基を積んだグロスター・ミーティア機は一九四五年、時速九七五キロメートルを記録し、プロペラ機での世界記録、時速七五〇キロメートルを塗り替えた。このときの馬力を概算すると、約二万馬力になる。この値は、当時のレシプロガソリンエンジンの最高出力、一台三五〇〇馬力をはるかにしのぐ数字である。

ガスタービンは小型、軽量で大きな出力を得ることができるので、航空機以外にも、船用エンジンや発電、ポンプ、圧縮機などに現在も利用されている。

原子の火

放射線の発見

原子の火には、核融合反応によるものと、核分裂反応によるものの二種類ある。太陽は核融合反応によって巨大な熱を生み出し、周りに放射している。地球はその熱の恩恵を受けている。核融合反応を起こすには、太陽のような巨大な質量によって生じる重力で、燃料となる水素を閉じ込める必要があり、地球程度の質量では重力が小さく、核融合反応を起こすことはできない。一方、地球上にはウランやトリウムのように、自ら放射線を出して別の物質に変化する物質がある。この反応を核分裂反応という。反応が起こるとやはり、焚火(たきび)の火のおよそ一〇〇万倍という巨大な熱を生み出す。

一八九五年、ドイツのヴィルヘルム・C・レントゲンは陰極線管を用いて蛍光の実験をしているときに、蛍光が漏れないように陰極線管の周りを覆った黒いボール紙を通り抜ける未知の放射線を発見した。レントゲンは、この放射線をエックス線と名付け、その性質を調べて、ヴュルツブルグ物理医学協会に報告した。この報告に触発されたフランスのアンリ・ベクレルは、一八九六年、ウランから発する放射線の実験を試み、エックス線ではない、別の放射線が出ていることを発見した。イギリスのアーネスト・ラザフォードは、一八九八年、ウランやトリウムから出ている放射線には、少なくとも二種類あることを発見し、それらをアルファ線およびベータ線と名付けた。

ガンマ線は、一九〇〇年、フランスのポール・ヴィラールによって、ウランから放出される放射線の中から発見された。ラザフォードは、一九〇二年、放射線は原子が崩壊して別の原子になるときに放出されるものであるという仮説を発表し、一九一九年、窒素原子にアルファ線を衝突させて原子核を破壊し、酸素原子に変化するときに、水素の原子核（陽子）が放出されることを実験で確かめ、原子核の人工変換に初めて成功した。また、原子核の人工変換の実験から、ラザフォードは中性子の存在を予言している（一九二〇年）。中性子はラザフォードの弟子、イギリスのジェームズ・チャドウィックによって一九三二年に発見された。ウランの原子核に中性子を当てたときに起こる核分裂反応は、一九三八年にドイツのオットー・ハーンとリーゼ・マイトナーが発見し、一九〇五年にドイツのアルバート・アインシュタインによって理論的に導かれた、質量とエネルギーの等価性を実証した。

核分裂反応で生み出される巨大な熱は、はじめ、兵器として利用された。一九四五年七月にアメリカ、ニューメキシコ州の砂漠で初めて実験に成功した原子爆弾は、八月に広島と長崎に投下された。アメリカに続いて、一九四九年にソ連が、一九五二年にはイギリスが核実験を行った。原子爆弾に続いて、アメリカは、一九五四年に原子力潜水艦を就航させた。

発電

核分裂反応で発生した熱で蒸気をつくり、蒸気タービンで発電する原子力発電は、一九五一年にアメリカで成功し、一〇〇キロワットの発電を行った。実規模の発電は一九五四年、ソ連オブニンスク原子力発電所の五〇〇〇キロワットが最初である。一九五六年にはフランス、イギリス、アメリカで五〇〇〇キロワットの原子力発電所が相次いで稼働した。日本で最初の原子力発電は、一九六三年に稼働した動力試験炉（一万二五〇〇キロワット）で、ＧＥ社が開発中の試験用発電炉を原子力研究所に設置し、発電した。商用規模の原子力発電は、一九六六年、日本原子力発電の東海一号（一六万六〇〇〇キロワット）である。

原子力発電は、燃料にウランまたはプルトニウムを使用する。このため、石炭や石油などの化石燃料の消費が抑えられる利点があるが、その運転、制御には高度な技術が必要である。同時に、核分裂時に発生する放射線や放射性物質が発電装置の外に漏れるのを防止する安全設備や発電時に出てくる放射性廃棄物の処理設備が不可欠である。一旦事故が起こり放射性物質が外に漏れ出すと、周辺の住民の健康や生態系に深刻な被害を及ぼす。

一九八六年に当時のソ連で起こったチェルノブイリ原子力発電所の事故では、原発近隣地域からの避難民や高濃度汚染地域の居住者、原発の運転員、消防士に加え、事故処理に当たった作業員など約四〇〇〇人が事故による放射能汚染に起因するがんで死亡し、約一二〜一四万人が移住を余儀なくされた。一九九五年、国際保健機関（ＷＨＯ）は子どもと若年層の約七〇〇〇人に甲状腺がんが発生したと報告している。周辺の生態系でも一部の植物に変異が発生し、巨大化、奇形化した昆虫などが観測された。二〇一一年に起こった福島原子力発電所の事故でも半径二〇キロメートルの範囲が警戒区域に指定され、人の立ち入りが禁止されたことで、二〇一六年一一月時点で約一三万四〇〇〇人が避難または転居している。現在一部の区域は指定が解除されたが、依然、帰宅困難区域や居住制限区域が残っている。

資源の乏しい日本にとって、将来にわたりエネルギーを安定的に確保することは重要な課題である。そのために、技術動向、エネルギー需給、国際情勢等、将来のさまざまな変化に対応できるように、確保するエネルギーの選択肢を幅広くもっていることが大切であり、そのための投資も行っている。その一つが核融合炉の開発だ。核融合炉の開発は、日本、ヨーロッパ、アメリカ、ロシア、中国、韓国、インドが参加して国際熱核融合実験炉（ＩＴＥＲ）計画が二〇〇七年から進められ、その中で日本は準ホスト国として主導的な役割を担っている。フランスのカダラッシュに実験炉を建設中で、二〇二〇年に運転を開始し、二〇二七年に核融合反応の達成を目指している。

同時に、核融合炉の実現に向けた研究活動の拠点として、青森県六ヶ所村の次世代エネルギーパークに国際核融合エネルギー研究センターが設置され、核融合のシミュレーション研究、炉の概念設計や安全性の検討などが進められている。ＩＴＥＲの遠隔実験も実施する予定だ。核融合炉に用いる材料の試験施設もある。また、核融合に関する基礎的な研究を推進するため、総合研究大学院大学の自然科学研究機構に核融合科学研究所を設置している（岐阜県土岐市）。そこでは教育研究機関として国内外の大学研究機関との活発な研究協力を通して、次世代の優れた人材の育成を目指している。

原子力発電でも、二〇一六年一二月二一日に再稼働の見込みが立たない高速増殖原型炉「もんじゅ」の廃炉と次世代の高速実証炉開発を原子力関係閣僚会議で決定した。核燃サイクルの完成に向けた中長期的な政策をあくまで堅持する方針だ。原子力発電で使用した核燃料の中には、まだ燃料として使えるプルトニウムが残っている。それを回収して再利用しようというのが核燃サイクルだ。「もんじゅ」はそのプルトニウムを燃やす炉だった。「もんじゅ」以外にも核燃サイクルは課題が山積している。青森県六ヶ所村に建設した使用済み核燃料からプルトニウムを回収する再処理施設は当初、二〇〇九年二月の試運転終了を予定していたが、竣工時期が二〇一八年度に延期されている。再処理施設でプルトニウムを回収した際に出てくる高レベルの放射性廃棄物を人が触れる恐れのない深部地下に埋設するため、ガラスの中に混ぜて固めるガラス固化溶融炉（K施設）も竣工の目途が立っていない。それでもあえて核燃サイクルの完成を目指そうとするのは、エネルギーの安定的な確保に向けた将来への投資にほかならない。

電気への変換

電気に関する現象は古くから知られ、紀元前二七五〇年の古代エジプトの記録に、電気を発する魚を、すべての魚の守護神という意味で「ナイルの雷神」と記している。紀元前七世紀の古代ギリシアでは、琥珀の棒を猫の毛皮で擦ると羽根などの軽いものを引きつけ、さらに擦り続けると火花が飛ぶことが知られていた。琥珀は、ギリシア語で「エレクトロン」と呼ばれ、電気の語源になった。

電気の性質が明らかになり、科学として発展するのは、一七世紀に入ってからである。一六六〇年、ドイツのオットー・フォン・ゲーリケが摩擦帯電を利用した静電発電機を発明した。それから一〇〇年以上の時を経て一七八七年、静電誘導を利用した発電機をイギリスのエイブラハム・ベネットが発明している。一七九九年、イタリアのアレッサンドロ・ボルタが電池を発明し、それまでの静電発電機より安定的に動作する電源となった。

電流と磁気の作用は、一八二〇年、デンマークのハンス・クリスティアン・エルステッドが、電気のスイッチを入切すると、そばに置いてある方位磁針の針が動くことに気がつき、発見された。一八二一年、イギリスのマイケル・ファラデーはこの現象を利用し電動機を発明している。さらに、ファラデーは一八三一年、電磁誘導の法則を発見し、変圧器をつくっている。一八三二年、フランスのヒポライト・ピクシーが今の交流発電機の原型となる手回し発電機を発明した。当時は電池で直流を供給していたため、ピクシーは交流を直流に変換するため整流子を発明した。

交流の利便性が理解され、交流発電機が使われるようになるのは、一八八一年、ドイツのヴェルナー・フォン・シーメンスが、水車で駆動する交流発電機で街灯を点灯したのが最初である。一八八四年、イギリスのチャールズ・A・パーソンズは蒸気タービンを発明し、蒸気の動力を利用して発電機を動かし、発電を行った。蒸気タービンによって、火の熱は動力に変換され、さらに電気エネルギーに変換された。
電気エネルギーは、構造が簡単で取り扱いの容易な機器によってほかのエネルギーに変換できる。電熱器によって熱に、電球によって光に、電動機によって動力に、きわめて簡単に変換できるのだ。これらの機器の取り扱いは、火を直接扱うのに比べて簡便で、かつ、安全である。同時に、電気エネルギーからほかのエネルギーに変換するときの効率は多くの場合きわめて高く、九〇パーセント以上である。そのため、火の熱を電気エネルギーを経ずに直接ほかのエネルギーに変換するよりも、一旦電気エネルギーに変換してからほかのエネルギーに変換して利用したほうが熱効率が高くなるのである。

電気エネルギーは、電線を張るだけで輸送ができる。石油や石炭などの燃料を輸送するのに比べて非常に簡単だ。しかし、電気エネルギーは貯蔵ができず、また輸送にも必ず損失を伴う。石油や石炭などのように、パイプライン、タンカーなど輸送における多様な手段をもたないため、立地問題、輸送手段の確保などに自由度を欠くという欠点もある。発電所から数百キロメートルの範囲を輸送する場合は電気エネルギーが有利であるが、それ以上の長距離を輸送する場合は、石油や石炭をパイプラインやタンカー、列車で輸送し、現地で電気エネルギーに変換したほうが有利だ。日本の電力エネルギーの場合、平均で約五パーセントの送電損失が発生している。

電気エネルギーは、自然界にはほとんどなく、多くの場合、石油や石炭、天然ガスなど、化石燃料の化学エネルギーを燃やし火の熱を媒介としてつくり出されている、火力発電によるものである。化石燃料の化学エネルギーを一次エネルギーと呼ぶのに対して、それらからつくられる電気エネルギーは二次エネルギーと呼ばれている。現在の技術で、これらの一次エネルギーから電気エネルギーへの転換効率は四〇パーセント程度である。原子力発電の場合は、放射線によって材料が損傷を受けるため、化石燃料を燃やす場合に比べて、蒸気の温度と圧力を緩和しており、熱の転換効率は三〇パーセント程度に抑えられている。

　火力発電でも原子力発電でも、残りの熱は捨てられている。熱も、電気エネルギーと同様、貯蔵の難しいエネルギーだからだ。さらに、熱はすぐに冷えてしまうため、遠くまでは運べない。運べる距離は、せいぜい数百メートルである。しかし、人口の集中した都市部などでは、電気と一緒に熱も供給することで、熱利用の効率を八〇パーセント程度まで向上させることができる。給湯用や冷暖房用の熱として利用することで、地域全体としてエネルギーの利用効率を高めることができるのである。電気の供給の自由化により、大きなビルや密集した商業地域などでは、独自で発電し、電気と熱の供給を行うところが出てきている。前述のドイツやオーストリアで実施されている木質ペレット焚きの地域分散型熱電併給システムもその好例である。

　電気エネルギーは、安全で取り扱いが容易なため、二〇世紀に入り急速に普及した。各家庭に電気が供給され、蠟燭（ろうそく）やランプの明かりは電灯や蛍光灯に、炬燵（こたつ）や火鉢の火は電気に代わっていった。冷蔵庫や電子レンジ、エアコン、ＩＨヒーターなど、さまざまな家電製品が市販され、家庭に普及すると、もはや家庭に火は必要なくなってしまった。

さらに、二〇一〇年に量産化が始まったのを契機に、電気自動車が急速に普及している。電気自動車の歴史は古い。初めてつくられたのはダイムラーがガソリンエンジンを開発したのと同じ頃だ。自動車の黎明期には蒸気機関、内燃機関と動力源の覇権を争っていた。その後ガソリンの入手が容易になり、また、電池に使う鉛の価格が上昇したことなどにより衰退してしまったが、今度は電気モーターが内燃機関の火に取って代わる時代が来るかもしれない。

また、二〇〇〇年以降、再生可能エネルギーの導入が進んでいる。とくに太陽光・熱発電と風力発電の伸びが著しい。再生可能エネルギーは地球温暖化防止への貢献が大きいと期待されており、今後、導入が加速すると予想されている。

第7章

現代の火と未来の火

現代の火と環境問題

火の社会的依存

人類は火を採暖や照明、調理などさまざまなことに使ってきた。火を使うことで私たちの生活は安全で豊かなものになり、そして文明の発達をもたらした。火を使いこなす歴史は人類の進化の歴史そのものといっても過言ではない。火を使いこなす中で人類は鉄をつくり出した。鉄は人類の進化の速度を著しく速めた。鉄を使って農耕具を造り、農業を集約化し、生産性を高めた。鉄の工具は、新たな道具や物をつくり出し、人々の生活を豊かにした。やがて、物資の流通が盛んになり、交易が生まれ、社会はますます発展した。鉄が社会や人々の生活の中に浸透する強さと速さはほかに類を見ない。「鉄は国家なり」とはプロイセン王国の宰相ビスマルクの言葉である。鉄を潤沢に所有していることが国力を左右したのだ。

　今は鉄の時代である。私たちの周りには鉄があふれている。鉄筋、鉄骨の建物が立ち並び、鉄の橋が架かり、鉄の自動車が走っている。プラスチックなどの化学製品やガソリン、灯油などの燃料の生産設備も鉄でできている。むしろ、周りにありすぎて、鉄のありがたみすら忘れてしまうほどである。私たちの生活は鉄によって支えられているといっても過言ではない。かつては四昼夜かかってわずか数トンの鉄しかつくれなかったが、今は一基の高炉で一日一万トンを超える鉄がつくり出されている。しかし、鉄が火の賜物であることを意識する人は少ないだろう。

　また、家から火がなくなりつつあるが、私たちが火を使わなくなったわけではない。電気をつくるにも発電所の中で火が焚(た)かれているし、車を運転すると、エンジンの中で火が焚かれている。火は見えないところで、電気や動力など、さまざまなエネルギーに変換され、私たちの生活を支えているのである。さらには、生産活動にも大量のエネルギーを投入し、さまざまな製品が生産されるようになった。それらの製品は私たちの生活を快適で、豊かなものにしてくれている。私たちの火への依存は、むしろ年々大きくなっていると言えるだろう。

　今や、日本では地域の隅々まで、電気、ガスなどが供給され、自動車の燃料となるガソリンや軽油もタンクローリー車によって地域のガソリンスタンドに供給されている。同様に、交通網も整備されており、職場や学校、家庭での仕事や余暇に至るまで、生活のすべてにおいて、簡単に大量のエネルギーを利用することが可能になった。その結果、人がこれまで利用してきた、風力や水力、焚火(たきび)の火といった諸力への依存は直接的でなくなってしまった。しかし、電気、ガスや動力などのエネルギーを利用できるのは、人々がそれらのエネルギー供給網や交通網への広範な社会的依存の状態にあり、かつ、それらのネットワークの一部になっていることで、初めて可能になる。これらの供給が機能している限り、また、人々が経済的要求に応じることができる限り、一般市民はそれらの社会的な配置や管理について心配する必要がない。ところが実際には、それらの供給を可能にする、複雑で高度な技術上、組織上、制度上の仕組みが必要とされる。そのため、災害などによってそれらの一部や条件に欠陥が生じると、ただちにそれらを利用できない状態に陥ってしまう。

火を日常から徐々に排除することによって、火を使用、管理する社会的な能力は増大する反面、火を扱う際の個人的な能力は減少するという、相反する傾向が生じてきた。登山をする人によると、森で道に迷って野宿をする際に枯枝を集めて焚火を起こすことができない日本人が増えているという。また、マッチを使えない子どもも増えていると聞く。

さらに、電力供給の面からは、東日本大震災を契機にして大規模集中型エネルギー供給の災害への脆弱性が明らかになり、災害にも強い地域分散型エネルギー供給との併用が求められている。同時に、災害によって電力供給の制約が発生することも顕在化し、需要側においても地域単位で節電やピークカットに取り組むことの重要性が高まっている。

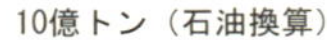

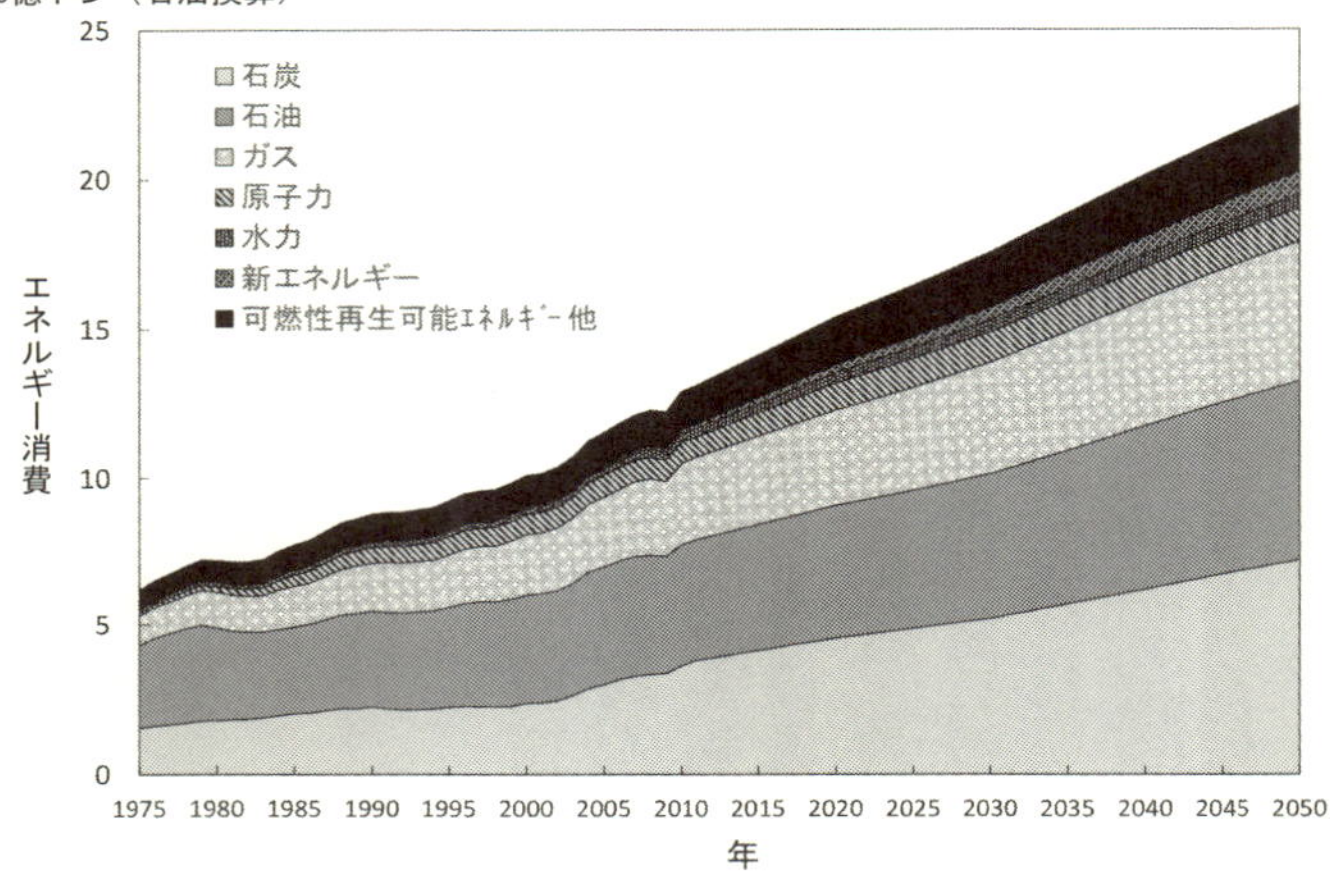

図7－1　世界の一次エネルギー需要（IEA「Energy Technology Perspectives 2012」、資源エネルギー庁「平成25年度版エネルギー白書」をもとに作成）2011年までは実績

火の利用と環境問題

人は火を焚くのに木材や石炭、石油などの燃料を燃やしている。世界では、石油や石炭などの化石燃料が、一年間に一〇〇億トン以上燃やされている（図7－1）。その量はこの四〇年で約二倍に増え、今も増え続けている。このまま増え続けると、二〇五〇年には年二〇〇億トンを超える予想である。

　現在使用している化石燃料は、石油に換算して一人当たり一日約六リットルである。日本では、一人一日約一四リットルの石油を燃やして、さまざまなエネルギーに変換し利用している。もちろん一人ですべての石油を使っているわけではない。各家庭で使っている量は、日本の場合、一世帯当たり一日約三リットルである。残りは自動車や電機製品、鉄鋼、化学製品の製造など、さまざまな生産活動や社会活動に使われている。

食糧の生産にも多くの燃料が燃やされている。灌漑の整備や肥料、農薬の生産にエネルギーが使われているのである。日本の場合、米の生産に一ヘクタール当たり年間約三トンの石油が使われている。米の産生する熱量は石油に換算して一ヘクタール当たり約二トンで、それ以上のエネルギーが生産に投入されている。アメリカでは〇・八トンである。日本では、狭い耕作面積でたくさんの米を生産するために、より多くのエネルギーが使われているのだ。灌漑や肥料、農薬など、食糧の生産にエネルギーを投入することで、世界の穀物生産量はこの六〇年で約四倍に増加した。

食糧の生産量が増えたことで、より多くの人口を養えるようになった。現在、世界の人口は七〇億人を超えている。人口が増えるとより多くの食糧が必要になる。人口増加と食糧増産のサイクルはとどまることなく膨らみ続けている。このまま人口が増え続けると、二〇五〇年に世界の人口は九五億人を超えると予想されている。

ところが、大量の燃料消費と食糧生産の増加、人口の増大によって、古来、人類が資源として利用してきた水、森林、土壌、水産物などの再生可能な資源が、その再生能力を超えて消費されている。その結果、人類にとって生命維持の根幹である自然環境に明らかに変化が起きている。その変化は気候システムと生物多様性に顕著に表れており、水や土壌、森林などの再生可能資源にも人間の活動が影響しているとみられる変化が起きている。

さらに、地球の平均気温が上昇している（図7－2）。地表面付近の温度は、太陽からの放射エネ

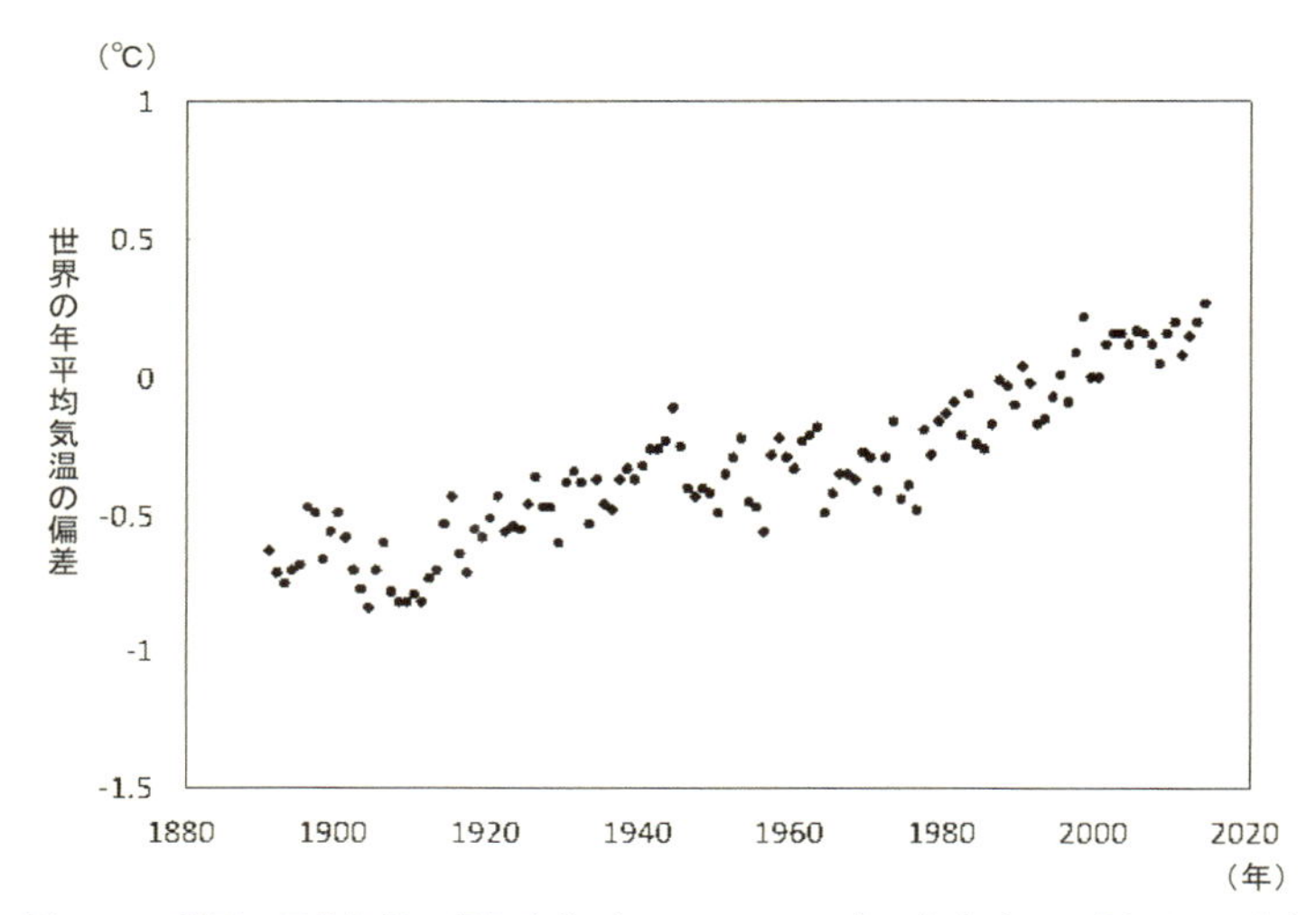

図7－2　世界の平均気温の経年変化（1891～2014年、気象庁HP「世界の平均気温」をもとに作成）
基準値は1981～2010年の30年平均値

表7－1　代表的な温室効果ガス（気象庁HP「地球温暖化の基礎知識」をもとに作成）

	二酸化炭素 CO_2	メタン CH_4	一酸化二窒素 N_2O	六フッ化硫黄 SF_6	四フッ化炭素 (PFC-14) CF_4	ハイドロフルオロカーボン (HFC-23) CHF_3
地球温暖化係数	1	28	265	23500	6630	12400
工業化以前の濃度	278 ± 2ppm	722 ± 25ppb	270 ± 7ppb	存在せず	34.7 ± 0.2ppt	存在せず
2011年の濃度	391 ± 0.2ppm	1803 ± 2ppb	324 ± 0.1ppb	7.28 ± 0.03ppt	79.0 ± 0.1ppt	24.0 ± 0.3ppt
濃度の変化率	2ppm／年	4.8ppb/年	0.8ppb/年	0.3ppt/年	0.7ppt/年	0.9ppt/年
大気中の寿命	―	12.4年	121年	3200年	50000年	222年

ルギーと地球からの熱の放散が釣り合って、ほぼ一定に保たれている。しかし今、その温度が徐々に上昇しているのだ。人間の活動によって排出された二酸化炭素、メタン、フロン類、一酸化二窒素などの濃度が高くなり、地球の温室効果が増しているのが原因の一つである。これらのガスは温室効果ガスと呼ばれている（表7－1）。温室効果ガスは地球環境にとって有害であり、地球の気候システムに影響を与えている。

環境の変化は、農業や漁業の混乱を引き起こし、経済活動に深刻な影響を与える恐れがある。気候変動に関する政府間パネル（ＩＰＣＣ）の第五次評価報告書（二〇一三年）は、気候システムに地球温暖化が起こっていると断定するとともに、二〇世紀半ば以降に観測された世界平均気温の上昇のほとんどは、人間活動による温室効果ガスの増加によってもたらされた可能性がきわめて高いとしている。一八八〇年から二〇一二年の間に世界の平均気温が〇・八五℃（〇・六五～一・〇六℃）上昇し、一九五〇年以降の平均気温の上昇は、それ以前の二倍の速さで進んでいる。

また、産業革命以降、排出され続けた二酸化炭素の三〇パーセントを吸収した海の酸性度（pH）は〇・一降下した。酸性度が低下すると生物が炭酸カルシウムをつくれなくなり、殻をつくりながら成長するサンゴや貝の生態に影響を及ぼす。海は温室効果で蓄積された熱の九〇パーセントを吸収し、表層の海水温が上昇して海氷が溶け、一九〇一年から二〇一〇年の一〇〇年余りで海水面が一九センチ上昇している。対策を取らないまま二酸化炭素を排出し続けると、産業革命前と比べて、二一〇〇年の気温は最大四・八℃、海水面は最大八二センチ上昇すると予想されている。その結果、世界のほ

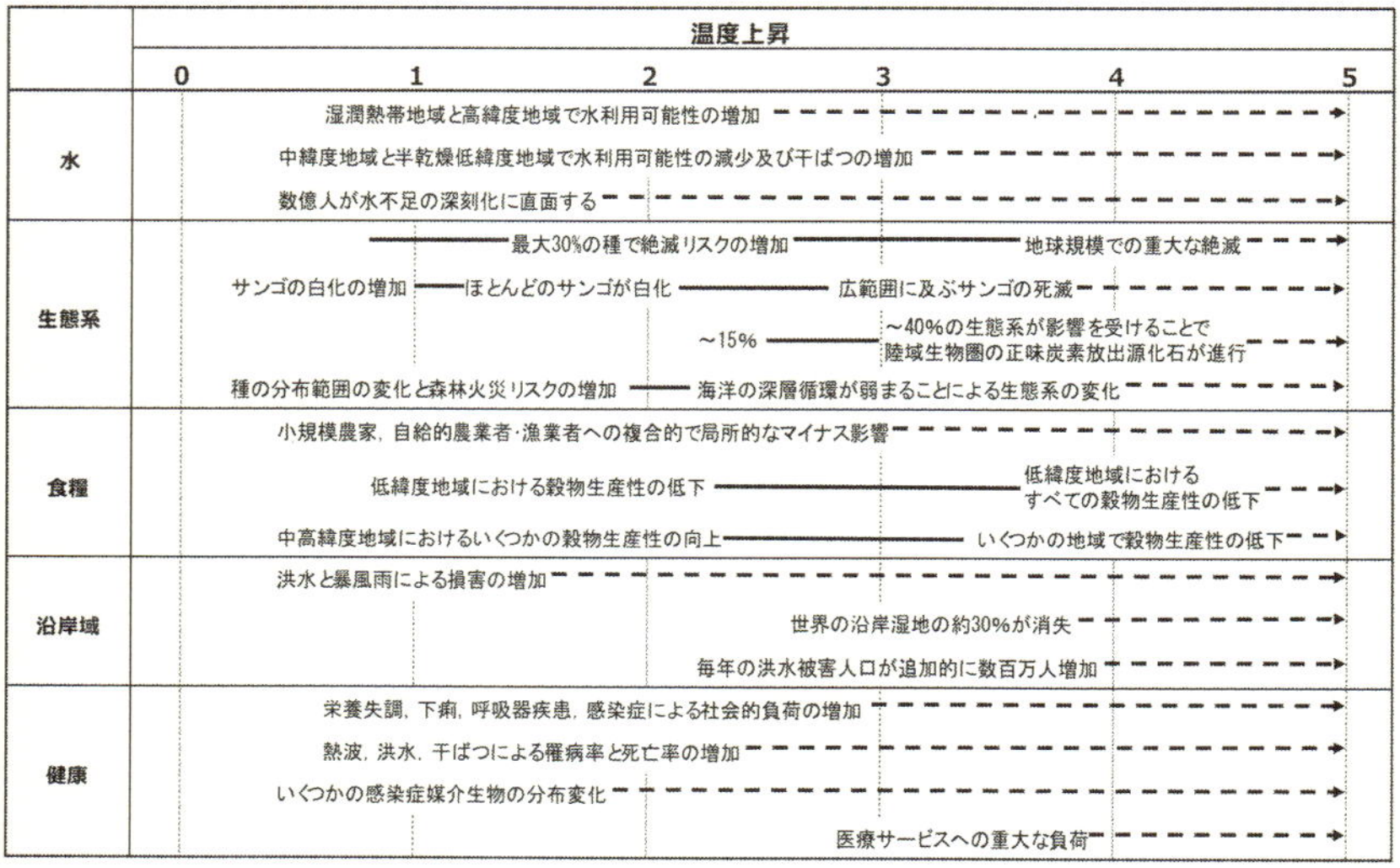

温度上昇

0 1 2 3 4 5

水

湿潤熱帯地域と高緯度地域で水利用可能性の増加

中緯度地域と半乾燥低緯度地域で水利用可能性の減少及び干ばつの増加

数億人が水不足の深刻化に直面する

生態系

最大30%の種で絶滅リスクの増加 地球規模での重大な絶滅

サンゴの白化の増加 ほとんどのサンゴが白化 広範囲に及ぶサンゴの死滅

~15% ~40%の生態系が影響を受けることで陸域生物圏の正味炭素放出源化石が進行

種の分布範囲の変化と森林火災リスクの増加 海洋の深層循環が弱まることによる生態系の変化

食糧

小規模農家，自給的農業者·漁業者への複合的で局所的なマイナス影響

低緯度地域における穀物生産性の低下 低緯度地域におけるすべての穀物生産性の低下

中高緯度地域におけるいくつかの穀物生産性の向上 いくつかの地域で穀物生産性の低下

沿岸域

洪水と暴風雨による損害の増加

世界の沿岸湿地の約30%が消失

毎年の洪水被害人口が追加的に数百万人増加

健康

栄養失調，下痢，呼吸器疾患，感染症による社会的負荷の増加

熱波，洪水，干ばつによる罹病率と死亡率の増加

いくつかの感染症媒介生物の分布変化

医療サービスへの重大な負荷

図７－３　平均気温の上昇による主な影響（文部科学省・経済産業省・気象庁・環境省仮訳「IPCC 第４次評価報告書　統合報告書　政策決定者向け要約〔仮訳〕」より作成）

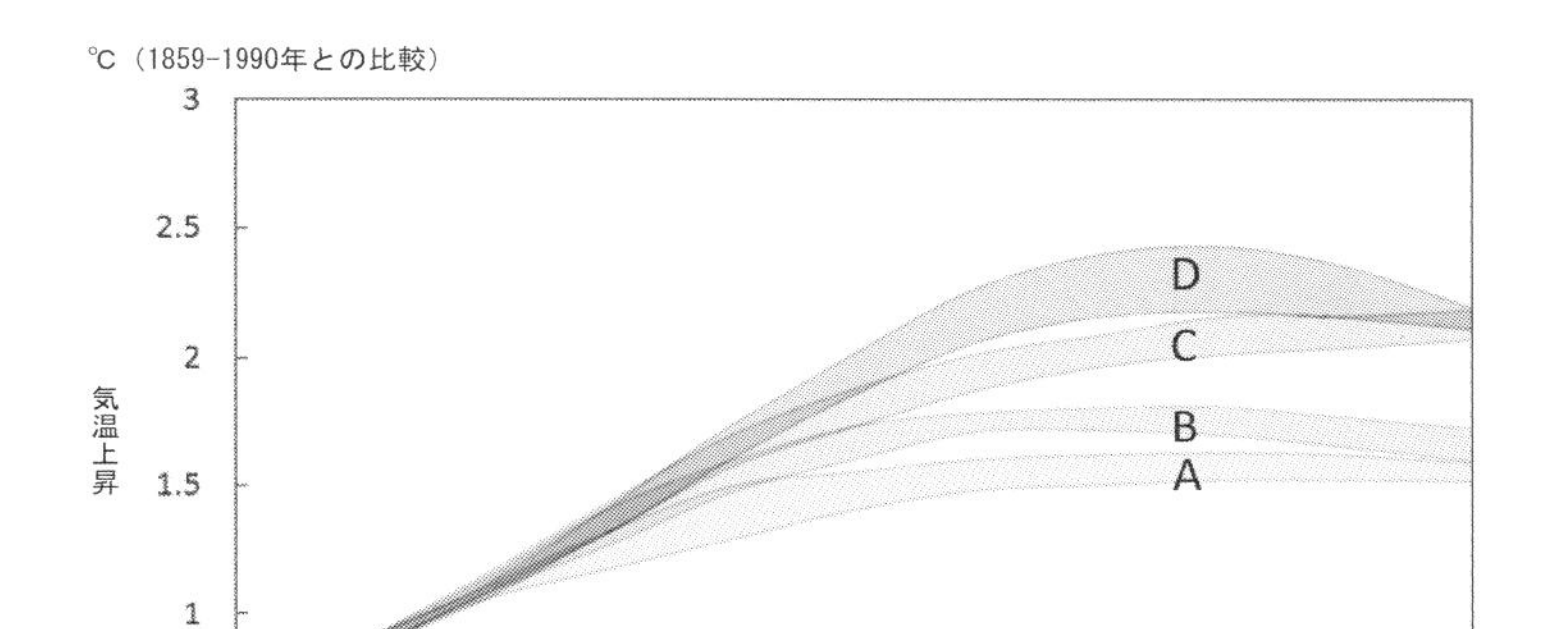

図7－4　2100年のCO_2濃度と温度上昇（環境省「IPCC第5次評価報告書」をもとに作成）

ぼ全域で極端な高温が増え、中緯度の大陸と熱帯で極端な雨が頻繁に降る可能性が高くなる。

さらに、ほとんどの乾燥亜熱帯地域で、再生可能な地表水、地下水資源が著しく減少し、大部分の生物種で絶滅リスクが増大すると警告している（図7－3）。気温上昇を産業革命前に比べて二℃未満に抑制するための二酸化炭素濃度は二一〇〇年に四五〇ｐｐｍ（換算濃度）以下とされ（図7－4）、そのためには、温室効果ガスの排出量を二〇一〇年に比べて二〇五〇年に世界全体で四〇～七〇パーセント、二一〇〇年にはゼロまたはマイナスに削減する必要があると試算されている。

同時に、多様な生態系が急速に失われつつある。二〇〇一～〇五年に国連の提唱により実施された環境アセスメント「ミレニアム生態系評価」では、記録のある哺乳類、鳥類、両生類で二〇世紀の一〇〇年間に絶滅したと評価されたのは二万種中一〇〇種にのぼる。一年間に一種の割合で絶滅しているのである。地球上には五〇〇万〜三〇〇〇万種の生物が存在するといわれており、この割合に準ずると年間二五〇〜一五〇〇種の生物が絶滅している計算になる。

絶滅の最も大きな原因は人間の活動である。地球はその誕生以来、五回の大量絶滅が発生しているが、そのときでも年間の絶滅数は一〇〜一〇〇種であったと推定されている。恐竜が絶滅した六五〇〇万年前以降、一年間に絶滅した種の数は、恐竜時代は年間〇・〇〇一種だったのが、農耕が始まった一万年前は〇・〇一種、一〇〇〇年前は〇・一種と、人間の活動が拡大するにつれて絶滅の速度が加速している。二一世紀に入り、絶滅の速度はさらに加速しており、年間一〇〇〇〜一万種が絶滅しているといわれている。このままでは二五〜三〇年後には地球上の全生物の四分の一が失われてしまう計算になる。産業革命以降、爆発的に増加している人口とその活動は、今や地球の環境と生態系に深刻な影響を及ぼすところにまで達しているのである。

一方で、地球上の森林の面積も減少している（図7－5）。年に五五八万ヘクタールの森林が消滅しているのだ。とくに、アマゾン川流域、東南アジアの大陸・諸島地域、中央・南アフリカ地域、中央アメリカ地域の減少が著しい。人間の活動域が広がり、どんどん森林が伐採されているのがその理由である。森林は光合成によって地球に酸素を供給している。とくに、赤道付近の熱帯雨林地帯は日射量とともに雨量も多いため、植物の光合成が盛んで、地球に多くの酸素を供給している。その貢献は大きい。アマゾン川流域に広がる世界最大の熱帯雨林は地球の酸素量の三分の一を供給していると

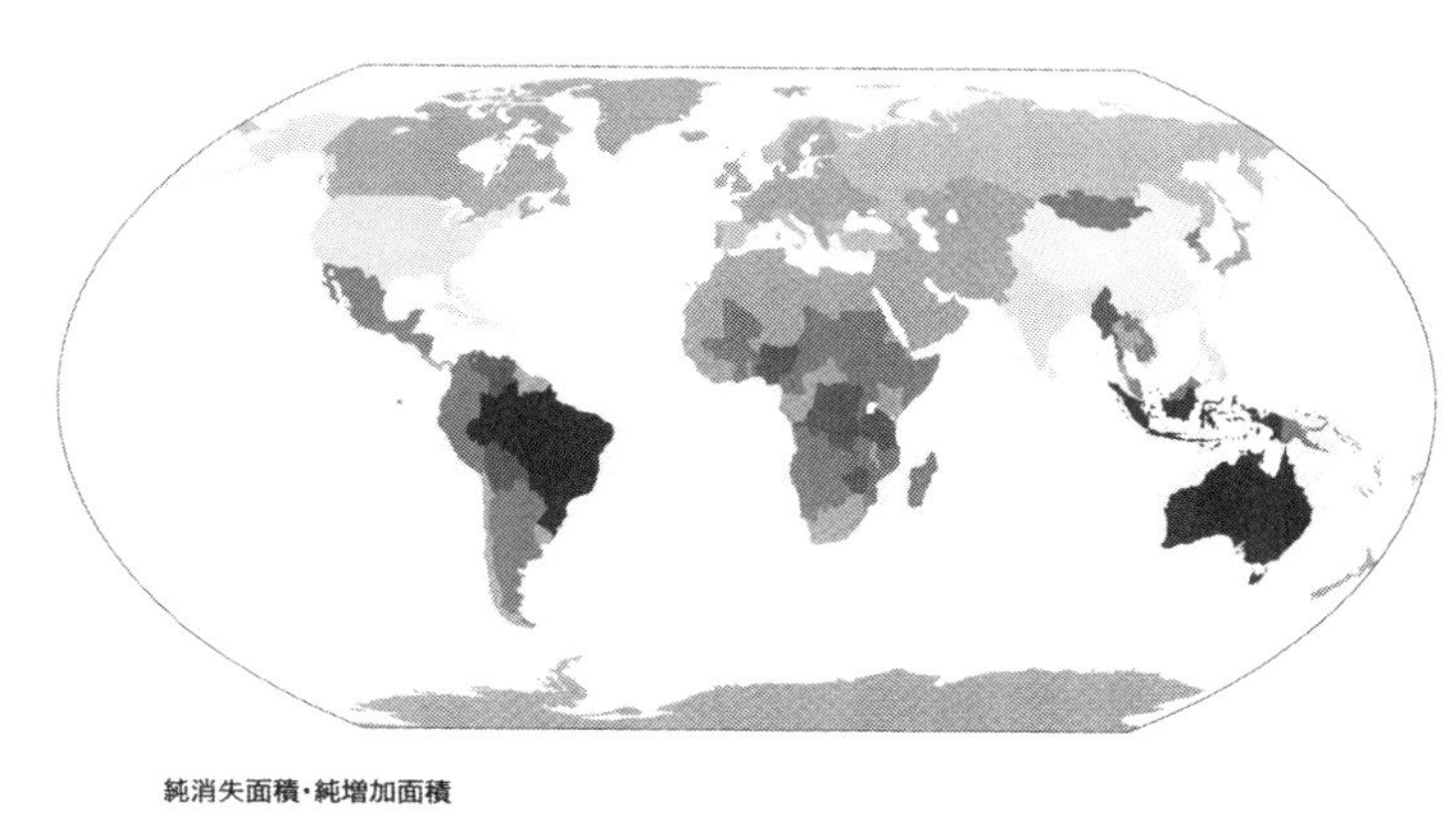

図7－5　世界の森林資源の変化（FAO「世界森林資源評価」より作成）

いわれている。同時に、森林は地球の環境を保全し、植物だけでなく微生物や昆虫から哺乳類まで、多様な生物を育む地球のゆりかごである。

地球規模に拡大した人類の活動と火の使用に伴う燃料の消費は、ついに空間的な限界に突き当たってしまった。同時に、その限界が人類の生存に影響を見せ始めるのも、遠い将来ではなく、次世代ほどの近未来である。人類は時間と空間の両面で生存の限界に直面しているのだ。

これらの環境問題は人間の火を使った活動、すなわち、利便さと物質的豊かさを追求した活動が、自然界に巨大な影響を与えた結果である。

未来の火

私たちはこれから火をどのように使っていけばよいのだろう。二酸化炭素をはじめとする温室効果ガスの蓄積を防がなければいけない。世界全体の排出量を自然の吸収量と同等のレベルにしていくことで、気候に悪影響を及ぼさない水準に大気中の温室効果ガス濃度を安定化していくことが急がれる。方法は二つあるだろう。一つは、石油や石炭など化石資源の使用を抑えること、一つは、エネルギーの利用効率を上げることである。

前者では、太陽光や風力などの自然エネルギーや木質ペレットのようにエネルギーとして利用できる生物資源（バイオマス）など、再生可能な資源の利用を促進することが必要だろう。

まず考えたいのが、地球の外から入ってくる唯一のエネルギーである太陽光だ。世界の一次エネルギー供給量の一万倍もの量が地球に届いている。そのエネルギーは地表や海表面を暖め、大気や水の循環など、自然の営みに使われている。将来は、人類の活動に必要なエネルギーも太陽光でまかなうことを期待したい。しかし、問題はエネルギーを取り出す技術だ。太陽光は地球全体に降り注ぐため、その量は一平方メートル当たり一三六八ワットである。さらに、太陽と地表面との角度や地表に届くまでに吸収されたり反射されたりする量、加えて電池の効率を考慮すると、一平方メートルの太陽電池を用いて発電できる量は約一〇〇ワットにすぎない。大量のエネルギーを取り出すためには広い面積が必要なのである。それでも太陽電池のパネルをたくさん並べて数メガワット規模の発電を行う施設が国内に多数建設されている。家の屋根やビルの屋上に設置されているのも加えると、導入量は二〇一四年に二六八八万キロワットになる。政府は二〇三〇年の電源構成を検討する中で、太陽光発電の導入見込量を一億キロワットとしている。

風力も有望なエネルギー資源だ。技術的に導入可能な世界の資源量は、陸上と洋上を合わせて、石油に換算して二〇から百数十億トンと見積もられている。国内の発電可能量は、陸上で二・七億キロワット、洋上で一・四億キロワットだ。二〇一四年までに陸上と洋上を合わせて二七九万キロワットが導入されている。やはり、政府は二〇三〇年までに三六二〇万キロワットの導入を目指している。

もう一つは、地熱の利用だろう。世界で技術的に利用可能な地熱エネルギーは石油に換算して三〇から二百数十億トンといわれ、世界の一次エネルギー供給量に匹敵する。さらに、日本は地熱資源の豊かな国だ。その発電可能量は二三四七万キロワットでアメリカ、インドネシアに次いで世界第三位である。しかし現在、主要な地熱発電所は東北地方や九州地方に一七か所で、その設備容量は約五二万キロワットにすぎない。地熱を利用できる場所が国立・国定公園内にあり、発電所の設置が厳しく制限されてきたためだ。二〇一五年に政府はその規制を緩和し、二〇三〇年までに一四〇万キロワットの導入を計画している。

バイオマスの利用も進んでいる。世界の木質ペレットの生産量は二〇一四年に二四〇〇万トンを超えた。バイオエタノールとバイオディーゼルを合わせた生産量は一億キロリットルを超えている。日本のバイオマス発電容量は二〇一五年に四七万キロワットであり、二〇三〇年までの導入量を四〇〇万キロワットと見積もっている。

自然エネルギーやバイオマスなど、再生可能エネルギーの利用促進に加えて求められるのが、エネルギー利用効率の向上だ。その鍵となるのが先進国の優れた技術を途上国に展開することで、地球全体としてエネルギー効率を上げることと、先進国でのエネルギー効率のよい街づくりであろう。第２章で述べたように、先進国で開発した熱効率のよい竈（かまど）を途上国に提供することで森林の保全につなげることや、木質ペレット焚きのストーブやボイラーの普及も既存の技術を活用し、成功している例である。また、ドイツやオーストリアの取り組みのように、町や村に小規模の分散型熱電併給システムを普及させることも、エネルギーを戸別ではなく町や村などの地域全体で利用する、いわゆる点から面への展開として注目される。

地球温暖化の国際交渉は、大気中の温室効果ガスの濃度を安定化させることを目標に「気候変動に関する国際連合枠組条約」（一九九二年）を採択、世界全体で取り組んでいくことに合意し、第一回の気候変動枠組条約締約国会議（ＣＯＰ１、一九九五年）がベルリンで開催された。一九九七年に京都で開催されたＣＯＰ３では、先進国の拘束力のある削減目標（二〇〇八～一二年の五年間で一九九〇年比、日本六パーセント、アメリカ七パーセント、ＥＵ八パーセント等）を規定した「京都議定書」に合意し、世界全体での温室効果ガス排出削減の第一歩を踏み出した。

京都議定書の約束期間以降の排出削減について、ＣＯＰ21（パリ、二〇一五年）で、すべての締約国が参加し、先進国、途上国両方が削減目標と行動の義務を負う国際的枠組み「パリ協定」を正式に採択し、二〇一六年一一月四日に発効した。そこでは、世界の平均気温上昇を産業革命前と比較して、二℃未満に抑えることが掲げられた。そして、とくに気候変動に脆弱な国々への配慮から、一・五℃以内に抑えることの必要性にも言及された。そのための長期目標として、今世紀後半に世界全体の温室効果ガスの排出量を生態系が吸収できる範囲に収めることが掲げられた。二〇二〇年以降の削減の目標は各国が自主的に決めて、草案を提出し、その内容を会議で合意するという、従来とは異なった方法で進められる。各国は、すでに国連に提出している二〇二五年または二〇三〇年の排出量削減目標を、二〇二〇年以降、五年ごとに見直し、国連に提出する。五年ごとの目標を提出する際には、原則としてそれまでの目標よりも高い目標を掲げる。

日本は再生可能エネルギーへの転換とエネルギー効率の向上によって、二〇三〇年度までに温室効果ガスの排出を二〇一三年度比で二六パーセント削減し、二〇五〇年には八〇パーセント削減する目標を掲げている。これからの各国の対応に注目したいが、なかでも注視したいのが、二酸化炭素の排出量が世界の約四分の一以上の中国と、第二位のアメリカの動きである。この二国の動きが目標達成の鍵を握っているといっても過言ではない。仮に、京都議定書のときのように二国のうちどちらかでも脱落するようなことがあれば、今世紀末での気温上昇を産業革命前に比べて二℃未満に抑えることは難しくなるだろう。

国際エネルギー機関（ＩＥＡ）が、二〇五〇年までに二酸化炭素の排出量を半減させ、地球の平均温度上昇を二℃に抑えるシナリオについて、エネルギーの量と構成を試算している（表7－2）。二℃シナリオでは、一次エネルギー供給量は7.0×10^{20}J（石油換算一六六億トン）であり、大きい供給量を維持しているが、化石燃料の割合は四六パーセントに低減している（二〇〇九年、八〇パーセント）。とくに、発電での化石燃料の使用が減少（二四パーセント）し、再生可能エネルギーの利用が

表7－2　2050年のエネルギー消費とCO_2排出（IEA「Energy Technology Perspectives 2012」をもとに作成）

	2009年（現状）	6℃シナリオ	4℃シナリオ	2℃シナリオ
一次エネルギー供給（PJ）	508623	940326	837799	696733
エネルギーの構成				
石炭	27.2%	32.1%	20.8%	11.7%
石油	32.8%	26.9%	26.9%	16.8%
天然ガス	20.9%	20.8%	21.3%	17.7%
原子力	5.8%	4.9%	6.9%	12.4%
水力	2.3%	2.1%	2.6%	3.4%
バイオマス・廃棄物	10.2%	9.8%	15.2%	22.3%
他の再生可能エネルギー	0.8%	3.4%	6.3%	15.6%
電力へのエネルギー投入	37.6%	41.4%	40.2%	45.4%
燃料の構成				
石炭	46.8%	48.6%	31.2%	12.6%
石油	5.8%	1.4%	1.4%	0.4%
天然ガス	22.0%	20.8%	22.3%	12.7%
原子力	15.4%	11.9%	17.3%	27.3%
水力	6.1%	5.4%	6.6%	8.4%
バイオマス・廃棄物	2.0%	4.4%	6.5%	7.7%
他の再生可能エネルギー	1.8%	7.5%	14.7%	30.9%
発電量（TWh）	20043	46816	44087	41565
電源構成				
石炭	40.5%	48.0%	28.5%	11.9%
天然ガス	21.5%	22.3%	22.5%	11.5%
石油	5.1%	1.1%	1.0%	0.3%
バイオマス・廃棄物	1.4%	3.9%	5.7%	7.4%
原子力	13.5%	9.0%	12.1%	19.0%
水力	16.2%	12.3%	13.9%	17.1%
太陽光	0.1%	0.8%	2.6%	6.4%
太陽熱	0.0%	0.2%	2.9%	8.0%
風力	1.4%	2.2%	9.1%	14.8%
地熱	0.3%	0.1%	1.3%	2.4%
海洋	0.0%	0.1%	0.4%	1.3%
エネルギー消費（PJ）				
最終消費エネルギー	356722	629969	579567	466104
消費部門の構成				
工業部門のエネルギー消費	29.4%	30.9%	29.9%	31.5%
エネルギー以外の利用	8.8%	9.8%	10.2%	11.9%
輸送部門のエネルギー消費	26.2%	27.1%	27.6%	22.5%
民生、農業、漁業部門	35.7%	32.2%	32.3%	34.2%
最終消費のエネルギー構成				
石炭	12.3%	9.5%	9.1%	8.6%
石油	40.7%	38.2%	37.6%	24.4%
天然ガス	14.3%	15.8%	15.5%	16.2%
バイオマス・廃棄物	12.7%	9.8%	11.3%	18.7%
その他の再生可能エネルギー	0.2%	0.4%	0.7%	2.3%
電力	16.9%	23.9%	23.5%	26.2%
熱供給	3.0%	2.4%	2.3%	2.5%
水素	0.0%	0.0%	0.0%	1.0%
CO_2排出量（$MtCO_2$）	31466	57834	40059	16206
各部門の割合				
発電部門	37.6%	42.2%	34.7%	14.5%
他の変換部門	5.0%	7.8%	5.0%	-1.2%
工業部門のエネルギー消費	26.5%	21.1%	25.1%	41.3%
輸送部門のエネルギー消費	20.4%	21.1%	25.7%	28.9%
建物、農業、漁業部門、その他	10.4%	7.8%	9.5%	16.6%
CCS（$MtCO_2$）	0	49	1,209	7,938

一次エネルギー供給、エネルギー消費 } 10^{15}J（PJ）、発電量10^{12}Wh（TWh）、CO_2排出量、CCS } 10^6t（CO_2）（$MtCO_2$）

増えている（五七パーセント）。また、原子力発電への依存も一五パーセントから二七パーセントに拡大している。

最終消費でのエネルギー構成では、化石燃料の減少と再生可能エネルギーの増加に加えて、電力の割合が増加しており、電化への移行が社会全体に浸透している。部門別のエネルギー消費では輸送部門のエネルギー消費が減少（二三パーセント）しており、輸送システムの改善に加えて、電気や燃料電池自動車の普及が貢献している。さらに、二酸化炭素の貯留技術（ＣＣＳ）が八〇億トン使われている。石炭や天然ガスの発電設備から排出される二酸化炭素を捕集し、地下や海底に貯留することで二酸化炭素の排出を二割削減している。このシナリオにおける二酸化炭素排出量は一六二億トンであり、現状（二〇〇九年、三一四億トン）の五二パーセントに削減されている。

さまざまな技術を活用、組み合わせて、社会全体として脱化石燃料と効率的なエネルギー利用を推し進めることが、化石燃料に依存しない社会（低炭素社会）への転換の鍵である。先進国、途上国を含め、地球全体で二酸化炭素排出を削減し、低い環境負荷を維持しながら、経済発展を持続できる仕組みを早急につくることが求められている。

第2部

人類と火

第8章

火の使用と文明化

火の使用の考古学的証拠

火の痕跡

人類はいつ頃から火を使い始めたのだろうか。見つかっている遺跡からその起源をたどってみることにする。

人類最古の石器は二六〇万年前、エチオピア北部アファール盆地のゴナ遺跡から発見されている。丸い石を単純に割った打製石器である。しかし、生活の様子がわかる情報はない。ちょうど華奢型猿人から原人への進化が生じる頃に石器の製作が始まり、肉食の割合が増えたと推定される程度である。同じような石器は、アフリカの外、ジョージア共和国のドマニシ遺跡（一七五万年前）でも、人骨とともに見つかっている。原人の生活は、オルドバイ渓谷で見つかった一五〇万年前の石器と動物の化石から読み取れる。石器とその材料、食糧となる動物がその周辺から採集され、動物の化石には石器で切りつけた解体痕が発見されたのだ。しかし、焚火（たきび）の跡や火であぶられた骨などは見つかっていない。

焼けた骨と灰が見つかるのは一〇〇万年前のワンダーウェーク洞窟（南アフリカ）である。奥行一四〇メートルの洞窟の奥から発見されており、火を使用した最古の遺跡とみられている。七九万年前には、焼けた種子、木片、石材などが、アフリカの外、中東のイスラエル（ゲシャー・ベノット・ヤーコブ遺跡）で見つかっている。

ただし、利用の痕跡によると、必ずしも同じ時期に使われ始めたわけではないようである。人類の化石や石器とともに熱を受けたらしい土塊が一四〇万年から一五〇万年前のケニアのクービフォラ遺跡やチェソワンジャ遺跡で見つかっている。しかし、自然火災でも同様の現象が現れる可能性があり、人類が積極的に火を使用したという証拠がない。一方で、スワルトクランス洞窟（南アフリカ）では焼けた痕跡のある動物化石が一〇〇万年前から一五〇万年前に形成したとみられる地層群から発見されている。この洞窟を利用した人類はこの地層群が形成される時期に火の使用を開始したと推定される。

火を使用した遺跡の広がり

七九万年前のイスラエルの遺跡で火を使用した跡が発見されて以降、アフリカを出て中東を通過しヨーロッパに入った人類の遺跡でも火を使用した痕跡が高い頻度で見つかるようになる。

ドイツのビルツィンクスレーベン遺跡（四〇万〜三〇万年前）では、生活跡から石器、動物の骨とともに焼けた木片、炭化物が見つかっている。調理、石器の製作など、さまざまな活動が火の周辺で行われていたようだ。

中国の周口店遺跡（六〇万〜二〇万年前）は北京原人を出土した遺跡である。四〇万年前の中部洪積世の地層から原人の骨とともに焦げた骨や大量の灰、炭が発見されている。

このように、原人、旧人は四〇万年前までに火を操る技術を確立し、広範囲に拡散して各地の自然環境に適応していった。火を思いのままに操る技術の獲得は五〇万年前以降に生じたと考えられている。しかし、決まったところで火を焚き、その周辺に石を並べて囲むという生活空間の中での火の位置を定める行動は確認されていない。このような行動が確認されるようになるのは二五万年前以降である。それまでは必要に応じて小さな焚火を起こす程度の利用だったと推定されている。

炉の出現

中期旧石器時代（三〇万年前以降）になると火の使用に炉が伴うようになる。ハヨニム洞窟（イスラエル）の二三万年前から一六万年前頃の地層からは灰の堆積した炉が大量に発見されている。第1章で述べた石を三つ並べた基本的な形状のものだ。同じ場所で繰り返し火を焚き、長時間維持したことがわかる。ソドメイン洞窟（エジプト）の一二万七〇〇〇年前から一万九〇〇〇年前の地層でも大量の炉が発見されている。

南アフリカのクラシーズ河口洞窟（一二万～六万年前）、ブロンボス洞窟（七万五〇〇〇年前）では小さな炉が魚骨や貝とともに複数見つかっている。発火法を知らない時代、火は消えないように誰かがつきっきりで番をし、大切に保管されてきたはずである。食糧の獲得に働く者と居住空間にとどまって火を守る者との分業、社会的協力、資源の分配など、現生人類のもつ諸特徴がすでに成立していたことが推定される。

同時期のヨーロッパ、中近東でも分厚い灰層を含む炉が大量に発見されている。それらの多くはネアンデルタール人のものである。ネアンデルタール人の遺跡には抽象的な認知能力を示す遺物はないが、火の制御を行い、火の周辺で食事を共にする社会的営みが行われていたといえる。

寒冷地への適応

ホモ・サピエンスは一〇万年前以降、五万年前までに広範な地域に拡散し、それまでのアフリカの動植物相から未知の動植物相に適応していった。加熱調理が摂取可能な食物の幅を広げ、さまざまな動植物を安全な食物に変えたのである。

四万年前から三万六〇〇〇年前までに人類は、北緯五〇度を越えるロシア平原に住みついた。この地域は、冬は零下三〇℃に気温が低下する地域である。アフリカの熱帯に適応した身体は寒さに弱い。衣服や火など、寒さに対応した文化的装備や技術を発達させることで適応していったと考えられる。

ロシアのコスチョンキ遺跡群はアゾフ海に注ぐドン川中流域、北緯五一度の地点にある。ここに、三万五〇〇〇年前から一万五〇〇〇年前の間に形成された三〇ほどのホモ・サピエンスの遺跡がある。さらに北の北緯五七度のスンギール遺跡からも二万八〇〇〇年前のホモ・サピエンスの墓が見つかっている。スンギールは季節的に繰り返し利用された狩猟キャンプと考えられ、シカ、マンモス、クマ、ホッキョクギツネ、オオカミ、シロウサギ、ライチョウ、セグロカモメなどの骨が発見されている。また、墓からは、アクセサリーや道具など、おびただしい数の副葬品が見つかっている。

寒冷地では年間を通じての食糧の調達が大きな課題である。夏が短く、その夏には捕獲しきれないほどの獲物が集まるが、冬の間は雪や氷に閉ざされ猟が難しくなる。年間の綿密な生業カレンダーが必要だし、狩猟具や漁具などの装備を工夫し、複数の部材を組み合わせた特定の目的に用いる専門分化した道具が発達した。また、十分に火を通した肉などを食べることで体を温めた。さらに、加熱調理した食物は食事の時間を短縮でき、狩猟活動の時間を確保できた。

二万八〇〇〇年前頃になると、ホモ・サピエンスは北緯六〇度を越えるシベリアに本格的に進出する。防寒に優れた質の高い住居とトナカイの毛皮でつくったフード付きのつなぎの防寒着を発明し、狩猟技術を発達させて大量の動物を狩ることができるようになった。二万八〇〇〇年前のバイカル湖付近のマリタ遺跡にはシベリアに定着を始めた証拠が残されている。住居は直径五メートルほどで、五〇～七〇センチほど床面を掘り込み、中央に炉を設け木の棒の骨組みに皮をかぶせ板状の石や角で周囲を固定している。遺跡からは、トナカイ、ホッキョクギツネ、マンモス、バイソン、ヒツジ、ウサギ、ガン、カモメなどの動物の骨が出土し、人々はここを一年中利用していたのではないかといわれている。そのほか、マンモス牙製、トナカイ角製の彫像などが出土している。

北へ進出したホモ・サピエンスは、一万六〇〇〇年前、ついに北極海付近に到達する。北緯七〇度付近に位置するベレリョフ遺跡はシベリア地域の最古の遺跡である。

土器の発達

約一万年前、更新世末期から完新世にかけて氷期が終わり、気候が温暖化してきた。氷期の主な食料だった大型動物が絶滅し、豊かな森林が発達した。それと同時に海面が上昇し、海岸線が内陸に侵入して丘陵地と近接し、広範囲な汽水が発達した。その結果、複合的な生態系が形成され、人類の食性変化を促した。水産資源の利用が進み、植物食への依存が高まったのである。これは人類にとって画期的な出来事だった。火を使うことで、クリやクルミなどの堅果類、稲や小麦などでんぷん質の植物の煮炊きが可能になり、動物性食物に利用を広げただけでなく、初めてでんぷん質の食物を消化できるようになったのだ。

土器が発明されたのは、中国江西省では二万年前、極東ロシア、中国南部では一万五〇〇〇年前である。日本でも一万六五〇〇年前の縄文土器が発見されている。日本を含む東アジアでは森林生態系の発達に伴い、クリやクルミなどの堅果類が多く樹生していた。それらの実の利用が土器の利用を促進した。極東アジアでは、防寒用の魚油と獣脂を魚や獣から溶かし出すのに土器が用いられた。一方、粘土を焼いて形を固定する技術は、西ユーラシア、ヨーロッパでも古くから発達していたが、西アジア、アフリカが九〇〇〇年前、ヨーロッパが八五〇〇年前と、土器の出現は東アジアに比べて遅かった。ドルニ・ベストニース遺跡（チェコ）では、三万年前の素焼きの像の破片が出土している。小麦栽培が発達し、粉に挽き（ひ）パンを焼く技術が発達したため、煮炊きに適した土器が必須の道具とはならなかったのである。

火を使用する前の人類の足どり

二足歩行を会得した時代

二五〇〇万年前、中新世初期は類人猿が栄えた時代である。アフリカ大陸には熱帯雨林が広がり、多くの種類の類人猿が生息していた。エナメル質の歯が生え、硬い木の実なども食べられるように進化した。多様な生活環境に適応できるようになった類人猿は生息場所をヨーロッパ、南アジア、中国などのユーラシア大陸各地に拡大した。

一五〇〇万年前の中新世中期、寒冷、乾燥化した気候になり、主食の果実が減り始めると、類人猿は世界でも数を減らし始め、七〇〇万年前頃までにヨーロッパ、南アジアにいた類人猿は絶滅してしまった。人類の祖先はおよそ一〇〇〇万年前、アジアにいた類人猿が再びアフリカに戻り、ゴリラに進化した。

類人猿がいなくなった地域では、ニホンザル、ヒヒ、コロブス、テナガザルなどの霊長類が台頭してきた。彼らは、後胃発酵や前胃発酵など、胃腸を強く発達させ、未熟な木の実や大量の葉を消化できるように進化した。果実の少ない草原へ出て葉や昆虫を食べて分布域を拡大し、種の数を増やしていった。

完熟した果実しか食べられない弱い胃腸しか持たなかった類人猿は熱帯雨林とその周辺にしか分布していない。熱帯雨林の外では果実が不足する乾季が長くなるためである。胃腸を強化できなかった類人猿は、食域を広げて二次代謝物（毒）の蓄積を防ぎ、さらに、体を大きくすることでその影響を緩和し、果実の不足を補わなければならなかった。その結果、類人猿は多くの食物を探し歩かなければならず、さらに、体が大きい分、多くの食物をとらなければならなくなった。

五〇〇万年前、さらに寒冷化が進むと、類人猿はほかの霊長類に押されて数を減らしていった。類人猿は生活史が長く、子孫を残すのに時間がかかる。チンパンジーのメスは、一四、五歳で初産、五〜六年間隔で出産する。ゴリラのメスも、一〇〜一一歳で初産、三、四年間隔で出産する。この傾向は類人猿の祖先も同じで、一〇〇〇万年前のドリオピテクスやシバピテクスもゆっくりとした生活史をもっていたと考えられている。これに対し、ヒヒのメスは五歳で初産、一、二年間隔で出産する。これでは、素早く成長し次々と子どもをつくるほかの霊長類に太刀打ちできない。一度数を減らした類人猿はなかなか数を回復できなかった。さらに、強い胃腸を持ったサルは、狭い行動範囲で必要な栄養分を摂取でき、未熟な果実も消化できるため、完熟した果実しか食べられない類人猿より生存に有利である。

追い詰められた類人猿は社会的な多様性を拡大することで生き延びようとした。それは、果実の不足する時期の採食戦略に起因する。オランウータンは樹上を広範囲に移動できたので単独で生活をした。ゴリラは地上を移動し、大量の草木を食べてしのぐので、単雄複雌の群れをつくった。チンパンジーは移動能力を高めて果実を探し回り、状況に応じて集団を変化させるので、離合集散性の高い複雄複雌の群れをつくった。

この時代、我々の祖先であるヒトは、熱帯雨林を追われて、草原へ進出を果たした。常巣習性を放棄し、血縁関係程度のまとまりの良い小集団で草原を移動した。エネルギー効率のいい二足歩行を会得し、長い距離をゆっくりと歩き、食糧を採集した。一方で、グループ全員が長距離を歩き回ることはできないので、男が食糧をとり、女、子どものところに持ち帰って食べる、分業と食物共有、共食の社会性が発達した。草原は身を隠す場所が少なく、捕食動物に遭遇しやすい。この時代、ヒトは犬歯が退化し、捕食動物と戦うことはできなかったので、男たちは捕食動物を避けながら食物を探し歩かなければならず、男同士の連合力、社会的な絆が強化されていった。性別による分業は、生活面で類人猿とヒトを分ける分水嶺となり、さらには、ヒト独特の集団構成と社会的関係が脳の発達を促したのである。

道具の発明と狩猟採集生活の始まり

原始人類の化石が多く見つかっている東アフリカの大地溝帯は、一〇〇〇〇万年前から五〇〇〇万年前にマントルの隆起によって形成された山脈や高地の東側に位置する。大西洋の湿った空気がこの山脈、高地の西側に雨を降らし、東側の地溝帯は乾燥した土地に変化したアフリカでも環境の厳しい地域である。人類は動物も住まないようなこの土地に逃げ隠れ、気候の変動や捕食動物による絶滅と隣り合わせで生き延びてきた。

直立二足歩行によって草原での暮らしが日常化するに伴い、次第に木登りへの適用を失い、前肢が手としての機能をもつように分化した。人類最古の全身骨格は、四四〇万年前のラミダス猿人（アルディピテクス・ラミダス）である。二〇〇九年にエチオピア北東部のアファール盆地で発見された。アルディと呼ばれている。アルディは二足歩行に適した骨盤をしているが、足には土踏まずがない。足の親指は物をつかめる形状（拇指対向性）をしていることから、陸上と樹上の両方で生活をしていたと考えられている。

一九七四年にアファール盆地で発見されたルーシーは、三二〇万年前のアウストラロピテクス・アファレンシス（アファール猿人）の全身骨格である。ルーシーの足には土踏まずがあり、拇指対向性はなくなっている。しかし、長い腕と短い足、物をつかめる湾曲した足の指など、類人猿の特徴も残っていることから、夜は樹上で寝ていた可能性がある。人類が洞穴生活を始めたのは三〇〇万年前といわれている。火はまだ使われておらず、安全な樹上での生活と主食の果実を失った祖先の生活は非常に厳しかったと想像される。この頃から脳が発達し始めた。これは人類の食物獲得手段に起因する出来事だ。

アファール盆地のゴナ遺跡（エチオピア）から発見された人類最古の石器は、骨から肉を切り落とすのに使われたと考えられている。犬歯が退化した人類には狩りをする能力はなく、死肉や肉食獣が食べ残した肉や骨の髄液をすすっていたとみられている。手がつくり出す道具は、歯とあごの負担を軽減し、咀嚼（そしゃく）器の退縮を促した。さらに、道具製作による知能の発達が脳の容量を増大させていったのである。

生活史の改善

安全な樹上での生活を失い、草原で暮らすようになった人類は、肉食獣の捕食に遭う機会が増えたと想像される。この時代の人類がヒョウなどの肉食動物に食べられた跡も化石として残っている。とくに動きの鈍い幼児が狙われ、幼児の死亡率は急激に増加したことだろう。人類は種の保存のため、多産になる必要に迫られた。多産になるためには、一度にたくさん子どもを産むか、出産間隔を縮めるか、である。人類は後者を選択した。しかし、類人猿は授乳期間が長い。オスが子育てに参入するゴリラでも授乳期間が三年、母親が単独で子育てをするオランウータンは六年から八年である。そこで人類は、赤ん坊を母親から引き離し、離乳を早めた。赤ん坊が乳を吸わなければ、母親は二週間ほどで乳が止まり、排卵の周期が回復する。現代のヒトの授乳期間は二年以下で、ほかの類人猿よりずっと短い。この傾向は二〇〇万年前のホモ・ハビリスからみられるという。

しかし、離乳を早めれば、赤ん坊の成長に支障が生じる。類人猿の子どもは、長い授乳期間を終える頃には永久歯に生え変わっているので硬い食物を食べられる。ところが、子どもを早く離乳させると、永久歯が生えるまでの数年間、硬いものは食べられず、離乳食を与えなければならないのである。火のない時代、おそらく、大人たちは、いったん口の中で嚙み砕いたものを離乳食として与えたか、硬い食物を入念にたたいて軟らかくして与えたのだろう。

母親以外の大人たちが協力して子育てをする組織的生計活動は、のちの人類にみられる多様な協力関係を生み出した。他者に食物を分け与える共食行動は、チンパンジーなどほかの類人猿にもみられるが、進んで行うのは人類だけにみられる特徴である。

授乳期間と出産間隔を短縮することで多産になった人類は、熱帯雨林の外で次第に分布域を拡大していった。さらに、離乳が早まった人間の子どもには、永久歯が生えるまでの子ども期ができた。同時に離乳食によるさまざまな味覚体験は大脳皮質の味覚領域を活性化し、ヒトの脳の発達に大きな影響を与えた。

脳の発達

直立二足歩行を会得し、共同保育と離乳食の開発により生活史を改善できたことで、人類は脳の増大を実現させる条件が整っていった（図８-１）。

人類の脳容量の増大は大きく三段階で起こっている。第一期は、二五〇万年前のアウストラロピテ

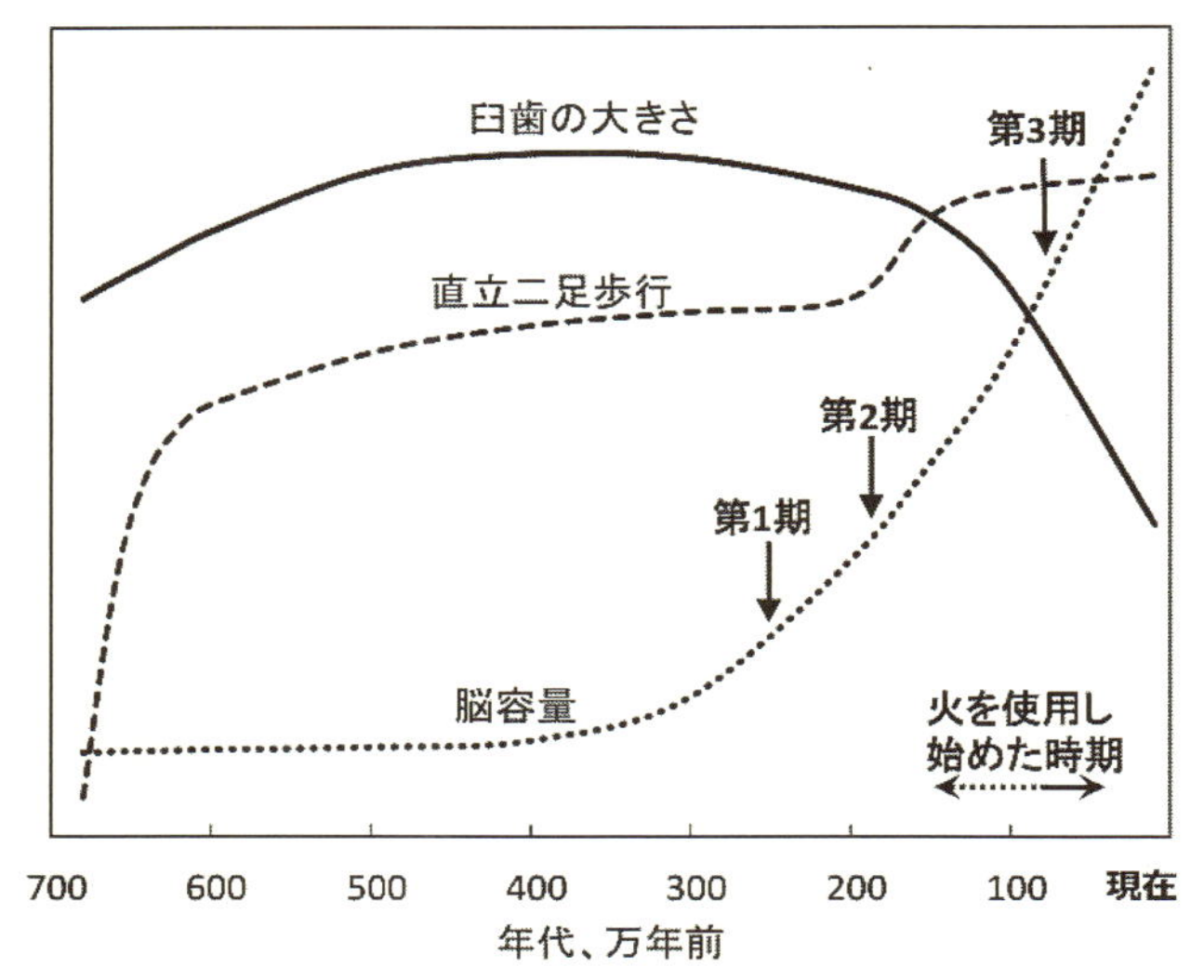

図８−１　人類の脳の発達と二足歩行（『人間性の進化』をもとに作成）
第１期：アウストラロピテクスからホモ・ハビリスへの移行時期
第２期：ホモ・ハビリスからホモ・エレクトスへの移行時期
第３期：ホモエレクトスからホモ・ハイデルベルゲンシスへの移行時期

クスからホモ・ハビリスへの移行期である。アウストラロピテクスの脳容量四五〇立方センチメートルからホモ・ハビリスの六一二立方センチメートルで、身体的な大きさはほぼ同じ（身長：一〜一・三メートル、体重：男三七キログラム、女三二キログラム）だが、脳容量が三〇パーセント増加している。これは肉食が増えたためと考えられている。臼歯の大きさは後続の人類に比べるとはるかに大きいので、植物性の食物や果実を主に食べていたとみられる。

第二期は、ホモ・ハビリスからホモ・エレクトスへの移行期（一九〇万〜一八〇万年前）である。脳容量が八七一立方センチメートルに増加している。一〇〇万年前には九五〇立方センチメートルに増加している。身長は一・六〜一・八メートル、体重は五六〜六六キログラムと身体的な特徴も大きく変化している。体格において特筆すべきは、生活環境の変化により、肩、腕、体幹がもはや木登りへの適用を失った点である。臼歯の大きさはホモ・ハビリスから二一パーセントも小さくなっている。胸部、骨盤が狭くなっていることから胃腸の容量も小さくなっていると推察され、軟らかく消化の良いものを食べるようになったと考えられる。

第三期は、ホモ・エレクトスからホモ・ハイデルベルゲンシスへの移行期（八〇万〜六〇万年前）である。脳容量が一二〇〇立方センチメートルに増大している。骨格や歯はホモ・エレクトスより華奢になっている。顔が平らになり、頭骨が丸くなっている。現代人（ホモ・サピエンス）に最も近い祖先と考えられているが、現代人と比べると脳容量は一〇パーセント小さく、眼窩上隆起が大きく、額や頤（おとがい）の発達は弱い。すでに火の使用が始まり、火を操る技術を確立していった時期に当たると考えられ、火を用いた調理が動物の肉を主体とした食事からクリやクルミなどの堅果類、稲、小麦など、でんぷん質の植物食に転換させたと推察される。植物性の食物は周期的な採集が可能なため、狩猟によって採食するよりも容易に食糧を確保できるのだ。

脳が肥大化すると頭が重くなり重心が高くなる。重心が高いと動きが鈍くなるため、捕食、攻撃に遭いやすく、脳の増大は生物にとって生存上有利な方向ではない。このため、生物は遺伝子で脳の肥大化を防止してきた。しかし人類は三〇〇万年前にこの遺伝子が欠損した。さらに、人類は強いあごの筋肉を形成する遺伝子が二五〇万年前に欠損した。強いあごの筋肉は捕食や攻撃の際に必要である。人類は捕食、攻撃の手段を失う代わりに脳を肥大化させ、肥大化することで獲得した集団の社会的関係、物事の認知、分析、予測能力の発達や道具の製作などによって、生き延びてきたのである。

脳が肥大化したことでもう一つ大きな問題が起こった。大きな脳の赤ん坊が産道を通れなくなり難産になったのだ。直立二足歩行によって骨盤の形が変わり、産道が狭くなったことも関係している。このため、人類は八〇万年前までに、胎児の状態で産み、脳の成長を三段階に調節するように進化した。生後一年は胎児の速度で成長し、脳の大きさが生まれたときの二倍になる。さらに、五歳までに大人の九〇パーセントの大きさにまで脳が成長し、一二〜一六歳頃に大人の脳の大きさになる。脳の成長が一段落すると、人類に特有の思春期スパートが始まり、性的成熟に伴う急激な身体的変化が現れ、大人に成長する。

火を囲む生活

火の獲得は人類にとって画期的な出来事には違いない。だが、火を獲得するまでの人類の足取りをたどってみると、人類が突然、火を獲得したわけではなく、洞窟生活を始めた人類が、絶滅と隣り合わせの厳しい境遇を一〇〇万年以上生き抜く中で、火の使用に必要な能力を獲得していったことがわかる。住み慣れた森林を追われた人類は、動物が近寄らないような厳しい環境の土地に逃げ隠れ、肉食獣との遭遇を避けながら、集団で協力して食糧を確保し、分け与え、ヒト特有の集団構成と社会的関係を築き、脳を発達させた。脳の発達は道具をつくり出し、生活史を改善し、さらに多様な集団の組織的協力関係を生み出し、火を燃やし、維持できるだけの能力を発達させた。

たまたま火を手に入れ、火を利用することを覚えた最初の動機は、おそらく食べ物を焼いて食べることであろう。なぜなら、人類は、山火事の跡にはほどよく焼けた木の実や草の実、焼けた小動物の死骸があり、それらは生で食べるよりもおいしいことを知っていたからである。

しかし、祖先の人々にとって火は同時にすべてのものを焼きつくす恐ろしい存在であったはずである。山火事のあと、まだ燃えている木の枝を見つけても、恐怖心に打ち勝って、火のついた木の枝を住処に持ち帰るのは勇気のいることである。

サルに焼き芋を食べさせると、甘くておいしいことは学べても、自分で火の中に芋をくべて、焼き芋をつくることはしない。火の中に木の実や草の実をくべる行為を行うまでには、山火事の光景からさまざまな事実を認識し、それらを分析してつなぎ合わせ、「火はすべてのものを消滅させ、あとには黒く焦げた物体が残るが、おいしい食べ物に巡り合うこともある」ということを認識し、さらに「火にはいつも食べている木の実や草の実をおいしくする力があるらしい。火の中に木の実や草の実を入れたら、おいしくなるかもしれない」という予想を立てて実行に移すという、一連の知的な思考能力が必要である。祖先には、このような思考能力が火を手にした時点ですでに備わっていたことになる。

住まいに持ち帰った火は、食べ物を焼いて食べることに利用できるばかりでなく、洞窟の暖房にも、夜の照明にも利用でき、ヒトの生活を一変させた。とくに夜の照明は、周囲に人間の存在を示し、夜行性の猛獣も近寄らなくなり、夜の時間を生活のために有効に使えるようになったのである。

火を利用するようになった時期から、発火法を発明するまでには数十万年かかっている。そのため、火を絶やすと再び手に入れるには山火事が起こるのを待たなければならない。火は苦心して得た貴重なものであり、決して絶やしてはならないものだったのである。火を燃やし続けるには集団生活は都合がよかった。燃料となる木を集めて保存しておくという、将来の火のための迂回的行動が必要になるし、雨や風で火が消えないように、また周りに飛び火しないように、慎重に、用心深く管理しなければならない。一人が昼夜つきっきりで火の番をするわけにはいかないので、火の番をする者、燃料となる木を集める者、食糧を採集する者といった集団の中で分担して仕事をすることが必要になる。

火は集団で共用し、管理されるべきものとなり、集団での組織的な協力行動の必要性が増し、結束力と社会性、共感脳が一層強化された。

人類が火を獲得した神話は、世界各地に残っている。その多くは、火は天からもたらされた（盗んだ）とする神性に結びつく話と、動物が人間よりも前に火を持っていて動物からもたらされた話が多い。天からもたらされた火は、山火事を引き起こす雷に対する祖先の特別な怖れと、恩恵をもたらしてくれる尊敬の念が神の存在と結びついたと考えられる。動物からもたらされた話は、当時は動物と人間の区別がなく、おそらく他人の助けを借りて手に入れたことがもとになったのだろう。

調理の恩恵

ともあれ、火を使うことで、クリやクルミなどの堅果類、稲や小麦などでんぷん質の植物の煮炊きが可能になった。火を使うことは、まず動物性食物の利用に影響を与えたが、植物性食物の利用は人類にとって画期的な出来事である。ちょうどホモ・エレクトスからホモ・ハイデルベルゲンシスへの移行期に当たる八〇万年前から六〇万年前だ。火を用いることで初めてでんぷん質の食物を消化できるようになった。植物性の食物は狩猟によって採食するよりも容易に食糧を確保できる。

動物性食物に火を使う利点は火がタンパク質に与える効果による。生卵を加熱すると白濁して固まる。これは、タンパク質を六〇℃以上に加熱すると、タンパク質の機能の源になっていた立体構造が壊れて、タンパク質はその機能を失い、長い鎖状のただの高分子物質（ポリペプチド）になるためだ。立体構造が壊れると、それまで構造体の内側に隠れていた疎水性部分がむき出しになり、ポリペプチドの分子同士は、疎水性相互作用により凝集して固まり、流動性がなくなる。こうしてゆで卵ができあがるのである。肉は筋繊維のタンパク質が、コラーゲンの強靱な結合組織に包まれている。コラーゲンは複数のポリペプチド鎖がらせん構造をつくって結びついており、生の状態ではなかなか嚙み切れない。加熱すると、らせん構造がほどけてゼリー状になり、肉は食べやすくなる。

一方、植物性食物への火の効果はでんぷんに対するものだ。コメに水を加えて加熱すると、給水して膨張する。糊化（こか）と呼ばれている。でんぷんはアミロースとアミロペクチンからなる分子量数万から数百万の顆粒状の高分子物質である。アミロースは水素結合によってらせん構造をとり、らせん構造同士も水素結合によって結びつき結晶をつくっている。強固な結晶は未処理のままでは分解されにくく、消化できない。六五～七五℃（糊化温度）に加熱すると、水素結合が緩み、結晶構造が崩れ、そこに水分子が入り込んで膨張する。さらに九〇℃で加熱を続けると、結晶が崩壊し、でんぷん分子の枝が水中に広がりゲル状になる。

火による調理は味覚の発達を促した。肉は加熱すると脂が溶解してとろみを増し、食感が良くなる。また、糖とタンパク質を一緒に加熱したときに起こるメイラード反応により生成した褐色物質は香ばしい匂いを放つ。この褐色物質は抗酸化作用があり、焼いた肉は生の肉と比べて腐敗しにくい。また、糊化したコメやマメは酵素が働きやすくなり、糖化して甘くなる。

火で調理した食物は消化率が高く、消化に必要なエネルギーが約二四パーセント節約される。とくに、加熱調理したでんぷんはその九五パーセントが小腸終端部までに消化吸収される。未処理のでんぷんの消化吸収率はその半分程度である。タンパク質も加熱調理すると消化吸収率が向上する。生卵は消化吸収率が五一~六五パーセントだが、加熱調理した卵は九一~九四パーセントが消化吸収されるのだ。牛肉も加熱調理すると、トリプシンによるタンパク質の分解や血清アルブミンによるアミノ酸の各組織への供給作用が向上し、未加熱の牛肉に比べて消化吸収作用が四倍に向上する。

火で調理した食物の摂取は、採食時間を短縮した。チンパンジーは一日の約六時間を咀嚼に費やす。生ものを食べているためである。ヒトはわずか一時間である。調理の時間を除いても、ヒトは一日に四時間以上咀嚼に費やす時間を節約でき、その時間を狩猟や食糧採集に充てることができた。原始的な生活をする民族の狩りの時間は一日当たり一・八~八・二時間、平均四時間なのに対し、チンパンジーの食糧採集時間は一日当たり一時間未満、平均一五分である。

チンパンジーは一日当たり、乾燥重量で一・四キログラムの食べ物を食べ、一八〇〇キロカロリーを摂取する。時間当たりの消化吸収カロリーは三〇〇キロカロリーである。食生活への意識が高く、自然に近い食物をとる現代の菜食主義者の一日の食べ物摂取量は乾燥重量で〇・七キログラム、二〇〇〇~二五〇〇キロカロリーである。ヒトのカロリー摂取効率はチンパンジーの六倍以上ある。

消化吸収の良い食べ物を摂取するようになった人類は大きな消化器官を必要としなくなった。ヒトの消化器官全体の重量は同等の大きさの霊長類の約六〇パーセントで、エネルギー消費は約一〇パーセント減少している。消化器官ごとに見ていくと、胃の表面積は、同じ体重の哺乳類の約三分の一である。ゴリラなどの大型類人猿はヒトの二倍の食物を食べる。食物のうち約三〇パーセントを食物繊維が占めるため、大きな胃が必要になる。一方でヒトの食物中の植物繊維の割合は五〜一〇パーセントである。次にヒトの小腸の表面積は霊長類の約六二パーセント、哺乳類全体から予想される大きさの約七六パーセントである。胃腸全体の大きさからみると、ヒトは小さな胃の割に大きな小腸を持っている。これは、ヒトの基礎代謝がほかの霊長類とほぼ同じため、消化吸収器官である小腸の大きさにはあまり差がないことによる。植物繊維の少ない食べ物を摂取するヒトは、腸内細菌による分解を必要としないため、大腸の長さは霊長類の六〇パーセント以下である。

ヒトは消化器官を小さくして節約できたエネルギーを肥大化した脳に回すことができた。脳の基礎代謝エネルギーは筋肉の一六倍ある。現代人は体重の約二パーセントの脳が体全体の約二〇パーセントのエネルギーを消費している。ちなみに、霊長類の平均的な脳の基礎代謝率は約一三パーセントである。

ヒトは調理した食べ物をみんなで火を囲みながら食べた。火を囲んでの共食には信頼関係や絆を深める要素がある。ヒトの場合、男は狩猟によって肉を提供し、女は栽培や採集によって主食となる果実やイモなどを提供する。それぞれが持ち寄った食べ物を集団みんなで分け合って食べたのである。ヒト以外の霊長類には食べ物を補完的に分け合う関係は見られない。また、食べ物を獲得する際の性別による分業もヒトにのみ見られる行動であり、ヒトと他の類人猿を分けた分水嶺になっている。

火の使用による加熱調理で節約できた採食時間と脳容量の増大による知能の発達は、人類に多様な協力関係や社会行動、道具の発達をもたらした。とくに、脳容量の増大はより大きな集団の構成を可能にした。集団が大きくなると、多くの他者とどう付き合うか、そのために何を抑制するか、といった必要性から脳が進化し、社会性、共同性、共感脳や言語表現、事実認識や予測能力が発達した。言語能力は五〇万年前には獲得していたと考えられている。

象徴的表現能力の開花

火の利用による知能の発達は、ヒトに表現することを可能にした。飾り模様のついた道具や化粧の道具が複数の遺跡から出土している。ブロンボス洞窟（南アフリカ、七万五〇〇〇年前）では貝殻のビーズ飾りが発見されている。また、同じ洞窟の地層から赤色オーカー（ベンガラ）の塊が出土し、その中には明らかにヒトが刻んだとみられる幾何学模様が発見された。ベレハト・ラム遺跡（シリア、二三万三〇〇〇年前）からは小立像が、クネイトラ（イスラエル、六万年前）から同心円の円弧が彫られた火打石、クラシーズ河口洞窟（南アフリカ、一〇万年前）から刻み目のある二つの骨の断片、バリンゴ湖付近の遺跡（ケニア、二八万五〇〇〇年前）とツインリバース洞窟（ザンビア、二〇万年前）からは化粧用の赤色オーカーが出土している。

このように、複数の遺跡などの考古学的資料から、象徴的な思考に必要な脳機能は、ホモ・サピエンスの出発時点（少なくとも一九万五〇〇〇年前）にはすでに備わっていたと考えられている。潜在的にはすでに発達していた象徴的表現能力が開花したのは、それを使用する行動が生きるうえで必要になったことを示している。

火を使うことで生活水準の向上と人口の増加がゆっくりと進行し、人口規模がある程度大きくなった段階で集団同士が出会う機会が増え、その結果、対立と資源の獲得競争が生じたと予想される。そのため、個人がある部族のメンバーであること、そこの技法を受け継いでいることを示すビーズやボディペイントなど、象徴的な様式をもつ道具が必要になった。また、部族内での地位を表す役目を果たした可能性がある。

さらに、飾り模様のついた道具は、資源の奪い合いなど集団同士の権利を主張しあう場合に重要な役割を果たしたとみられている。祖先の人々は贈答交換によって良好な関係を保つ習慣があり、象徴的な細工物は武器にはならず、贈答品に用いられた可能性があるのだ。象徴的意味をもつ道具はストレスの多い時代における社会的な潤滑剤の役割を果たしたと考えられている。

一〇万年前から五万年前にかけて、ホモ・サピエンスはアフリカを出て、世界中に拡散していった。その中で、四万二〇〇〇年前にヨーロッパに到達したクロマニョン人は壁画を描き、彫刻、楽器などをつくり出し、芸術を創造する能力を開花させた。一方、東に向かったホモ・サピエンスの集団の遺跡からも石製や貝殻のアクセサリー用のビーズなどが見つかっているが、壁画や彫刻、彫像などはほとんど見つかっていない。これらのものが見つかるようになるのは数千年前以降である。

ホモ・サピエンスの行動を旧人や原人と区別するときに、旧人、原人には認められず、さらに各地の現代人集団に共有されていることが条件となる。たとえば、言語、信仰、音楽、美術を創造する能力は世界各地のどの現代人集団にも共通してみられるので、アフリカの共通祖先の段階ですでに存在していたと考えられている。おそらく、東ユーラシアの祖先たちは、私たち現代人と同様の芸術創造力をもっていたが、その潜在能力を単に行使しなかったか、または、遺物として残るような形でそれを表現しなかったのだろう。

集団の組織化と文明化

人類が脳を発達させたのは、厳しい自然環境に適応して生きるためではない。社会集団の中で、仲間の心の動きを理解し意思疎通を行うことで、社会関係をうまく保つためである。これは社会的知能と呼ばれている。良好な社会関係が組織的な協力関係を生み出し、厳しい自然環境を生き抜いてきたのだ。

集団での社会生活の効果は仲間同士が協力しあうだけではない。集団社会が成立すると、その中には社会的な順位や階級が発生する。それらは黙っていても保たれるわけではなく、集団の中で個体間の競争が生まれる。下位の者は上へ這い上がろうと機会をうかがっているし、上位の者はそれを阻もうとする。順位や階級を維持するためには、血縁者や友人との間の連合関係が重要になる。そのためには、仲間の性格や仲間同士の関係について、たくさんのことを知っていなければならない。集団が大きくなり社会生活が複雑になればなるほど、よりたくさんの情報を集め、それを処理しなければならなくなる。人類は集団社会を生き抜くために脳を発達させてきたのである。

祖先が象徴的表現能力を開花させ、貝殻のビーズでつくったアクセサリーや飾り模様のついた道具をつくり贈答品を交換したのも、仲間や集団同士の関係を良好に保ち、争いを避け、情報交換や交渉をしやすくするためである。人類は脳が大きくなることで増大したエネルギーの負荷を、火を使って調理した消化の良い食べ物を摂取することで消化器官への負担を小さくし、相殺することができた。さらに、消化の良い食べ物は採食時間を短くし、余った時間をアクセサリーや飾り模様のついた道具づくり、仲間との情報交換や交渉に充てることができ、脳の発達をさらに加速させていったのである。

火を使うことで生活水準が向上し、より大きな集団構成が可能になると、分業が発達し、道具の発達も伴って、人類の生産性は徐々に向上した。最後の氷期が近づき暖かくなってきた一万三〇〇〇年前、地中海東海岸のレバント地方にナトゥーフ人が住みつき定住生活を始めた。当時、この地域は雨量の多い肥沃な地域で、平地には草原が広がり野生のイネ科の植物が自生し、山にはナラとスギの森や、ピスタチオの林が広がっていた。彼らはライ麦やヒトツブ小麦などの野生植物を採集して生活をするようになった。移動する必要がなくなった彼らは泥と粘土を使って小屋をつくり、小さな村で生活をするようになる。この地域には彼らのつくった竪穴式住居の集落跡がいくつか残されている。一万三〇〇〇年から一万一〇〇〇年前、寒冷期に入り、乾燥化のため野生植物が減少すると、彼らはそれらを栽培するようになった。農耕牧畜生活の始まりである。ただし、この頃の農耕は灌漑なしの乾地農法、肥料を与えない略奪農法であったため、数年ごとにほかの土地への移動を繰り返す必要があった。

レバント地方で芽生えた農耕技術は水源を求めて、トルコ中央部のハーブル川流域（八〇〇〇年前）、そして、チグリス・ユーフラテス川流域へと移っていった。このとき、いくつかの選別された植物や動物を自分たちの社会に組み入れた。植物の栽培化と動物の家畜化は火の使用に匹敵する出来事である。これらの利用を意識的に拡大することによって社会は一層生産的なものになり、大人口の集住が可能になった。

チグリス・ユーフラテス川流域にはシュメール人の都市がつくられた（七五〇〇年前）。七〇〇〇年前になると灌漑農業が発達し、さらに、五五〇〇年前には銅器が発明された。犂（すき）、車などの農耕器具がつくられ、家畜を利用した農業が行われるようになる。農業生産が飛躍的に拡大し、農牧に直接従事しない神官、戦士、技術者などの職業が生まれていった。彼らは集団を維持し、統率するために必須の存在である。一〇〇人前後の一人ひとりの顔が見える集団から、一人ひとりの顔が見えなくなる数百人以上の規模になることで、仲間同士の意思疎通や情報伝達は複雑になり、より高度な社会的知能と社会の仕組みが必要になったためである。分業が進み職業が生まれ、支配するものとされるものへの分離が起こり、組織化、階層化された社会が形成されていった。五〇〇〇年前のことである。

また、大きな集団を維持するには、効果的な食糧生産と分配の制度、分業・階層化を可能にする統治の仕組みが必要になる。やがて、文字も生まれ、国家が形成され、文明の発祥へとつながっていった。

火の使用と森林破壊

都市の発達と森林破壊

都市が形成され、そこで火が使われると、それを支える燃料が必要になる。当時の燃料は森林の樹木である。同時に、農耕に必要な肥沃な三角州地帯も河川を通して上流の森林から運ばれる肥沃な土によって支えられている。地中海東岸のレバント地方にナトゥーフ人が住みつく前、レバノン山脈にはナラやスギの森が広がっていた。とくに、スギは高級木材のレバノン杉として、交易品に用いられた。取引され、神殿やピラミッドの柱や梁、内装に、香りが高い樹液はミイラづくりに使われた。チグリス・ユーフラテス川流域に発達したシュメール人の都市では森林が伐採され、木材が燃料として供給された。紀元前五〇〇〇年には、レバノン山脈東側斜面の比較的低いところに生えているナラの森が破壊され、レバノン杉もユーフラテス川に面したところから姿を消した。さらに、銅や青銅の製錬が始まると火力を強めるために大量の木材が必要になり、森林が伐採されていった。

しかし、将来を考慮しない消費は長く続くものではない。紀元前三〇〇〇年には、レバノン山脈東側斜面の森が消滅し、メソポタミアの都市国家は森林資源の枯渇に直面した。さらに、紀元前三二〇〇年頃から、メソポタミア地方はこれまでの湿潤な気候が一変し、急速に乾燥化が進んだ。同時に、集約的に農業を行った結果、表土の塩分濃度が高くなり、作物が育たなくなってしまった。森林資源の枯渇に合わせて、干ばつと塩害が重なり、シュメール人の都市国家は衰退していったのである。森林の伐採と、それによって起こる災害や国の栄枯盛衰は、シュメールの都市国家ウルクの伝説的な王、ギルガメシュと森の番人を任された怪物、フンババの争いとして、古代メソポタミアの文学作品『ギルガメシュ叙事詩』に逸話が残っている。

レバノン山脈の西側に当たる地中海東岸でも、紀元前三〇〇〇年頃から青銅の精錬が行われ、森林が伐採されていった。さらに、紀元前三〇〇〇年頃に地中海東海岸のレバノンのあたりに住みついたフェニキア人は、レバノン杉を使って船をつくり、紀元前一二世紀から八世紀にかけて地中海貿易で栄えた。紀元前一八世紀から一二世紀にかけてトルコ中部に栄えたヒッタイト帝国の資源を支えたのもレバノン杉である。こうして、紀元前三〇〇〇年から一〇〇〇年頃には、レバノン山脈の森林資源は伐採されつくし、消滅した。

地中海に浮かぶクレタ島は、エジプト文明やオリエント文明の影響を受けながら、地中海貿易の拠点として栄えた。ミノア文明（紀元前二〇～一四世紀）やミケーネ文明（紀元前一六～一二世紀）を支えたのは、島に豊富にあったナラやカシ、マツなどの森林資源である。ここでも森林が荒廃すると、土地がやせて穀物が育たなくなり、国は衰退し、ギリシアに滅ぼされた。一方で、ギリシアでも、周辺の豊富な森林資源を背景にギリシア文明（紀元前八世紀～三三八年）が栄えたが、森林資源が枯渇すると国力が衰退し、マラリアや疫病が発生したこともあり、国家が疲弊、滅亡していった。

資源の枯渇は大国をも傾ける。イタリア、イベリア半島の森林資源を背景に国力を蓄え、地中海を統一したのが古代ローマである（紀元前六世紀～紀元三九五年）。イタリア半島、イベリア半島の資源を使い切ると（紀元前一〇〇年頃）、資源を求めてアルプスを越えて北部ヨーロッパへ侵攻し、北部ヨーロッパ大陸一帯を占領した。当時の北西ヨーロッパにはうっそうとした森が広がっていた。最北はイギリス、スコットランドにまで到達している（紀元八〇年）。しかし、人口増加による耕地不足と東方からの遊牧民フン族の侵略によって、スカンジナビア半島からドイツ北部に住んでいたゲルマン民族がヨーロッパ各地に大移動し（四世紀後半）、北ヨーロッパを奪われ領土を失うと、資源の供給源がなくなり、国力が低下して内部崩壊し、滅亡していった。

このように、火の使用は文明の発達をもたらし、都市や社会構造の発達を促したが、森林の消失、家畜の放牧による緑の消滅、灌漑による塩類の蓄積などに加えて、金属製錬に用いる多量の木の伐採、製錬から発生した排ガスや汚泥による大気汚染や水質汚濁などの環境汚染を招き、結局は国家の衰退を招くことになった。

中世ヨーロッパの大開墾時代

火の使用に伴う森林破壊は中世のヨーロッパでも繰り返された。西ローマ帝国が滅びた後、九〇〇年頃まで、ヨーロッパは混乱した状態が続いた。ゲルマン人に続くノルマン人の移動とイスラムの侵攻に加えて、気候変動による飢饉とペストが発生したのである。ゲルマン人の移動が始まる前の三五〇年頃に二七〇〇万人と推定されたヨーロッパの人口は、六〇〇年頃には一八〇〇万人にまで減少した。

中世ヨーロッパは各地に領主が群雄割拠した時代である。地域の領主、教会を中心とした封建制、荘園制の時代が一五、一六世紀まで続いた。

ゲルマン民族はヨーロッパに住みつき、集落をつくり、農業と手工業を発達させていった。やがて、集落は領主を中心とする村落共同体へと発展した。支配権が中央の国王から地方の領主に分割され、封建領主の支配層ができた。封建領主はシンボルの城を建て、その周りに街を築き、農民と手工業者を住まわせた。領主の支配力が強くなり、領主が直営地を設けるようになると、農民に賦役を課すようになり、農奴化していった。こうして一〇五〇年頃に封建的村落共同体ができあがった。

中世のヨーロッパは農業、手工業、運輸などの分野で、発明や技術改良が進んだ時代である。とくに、手工業の発展は目覚ましいものがあり、さまざまな機械が農業や運輸の分野に導入された。動力に水車や風車が使われるようになり、畑でも水車や風車を使った揚水や粉挽(ひ)きが行われるようになる。これは製鉄にも活かされた。水車を使ってふいごを動かし、空気をシャフト炉に送って鉄の製錬を行うようになり、大きな炉でたくさんの鉄をつくれるようになると、燃料に大量の木材が必要になり、森林が伐採された。鉄の生産量が増えると、牛を使って畑を耕す鉄製有輪鋤などの農器具が普及し、食糧生産が増加した。人口も増えると、森林はさらに伐採され、畑がつくられた。大開墾時代の到来である。

開拓によって実現した大規模な農地を使った三圃制農法により食糧の生産性がさらに向上し、街の規模も拡大した。六〇〇年頃には一八〇〇万人だったヨーロッパの人口は、一〇〇〇年頃には三八〇〇万人、一三〇〇年頃には七三〇〇万人にまで増加した。人口が増加すると、それを支える食糧が必要になる。森林は次々と開墾されて畑となり、伐採された木材は燃料として供給された。しかし、樹木の再生には長い時間が必要である。ヨーロッパの森林が減少すると、東ヨーロッパ（ポーランド、ロシア）へ領土を拡張した。

森林の減少により起こったのがペストの流行である。森林の伐採によってペスト菌を媒介するクマネズミ（のノミ）の天敵（フクロウ、キツネ、オオカミ、イタチ等）が減り、クマネズミの繁殖に有利な条件を与えた結果である。一三四七年にロシアのカスピ海奥地で発生したペストは、翌年には黒海を通って、エジプトからイタリア、フランス、スペインの地中海沿岸一帯に広がり、一三四九年から一三五〇年にかけてヨーロッパ北部からイギリス、北欧地域にまで及んだ。気候の変化（寒冷期）と重なり、飢饉が発生したこともあり、人口は七三〇〇万人から五〇〇〇万人にまで減少した。この流行は一三五〇年に終息したが、その後、大規模なペストは、一六六五年にロンドン、一七二〇〜二二年にはフランスのマルセイユで発生している。

ゲルマン人の移動によって始まった中世ヨーロッパは、封建制と荘園制の下で農業技術の革新による食糧生産を背景に人口が増大し、約一〇〇〇年で養える限界に達し、森林資源を使い果たした。

近代ヨーロッパの時代になると中世に蓄えた都市文化が人間精神、芸術、科学技術の革新となって現れた。ルネサンス期である。飽和に達しつつあったヨーロッパの都市生活、資源、経済的欲求は科学技術の発達と結びついて、新しい世界を求める動きを活発化させ、地理上の発見が相次いだ。東方貿易（インド、中国）が進み、森林資源に恵まれた南北アメリカを植民地化することで、ヨーロッパの新世界が拡大していったのである。

第9章

日本の先史時代

縄文時代以前の足どり

日本に人が住みだしたのは、四万年前から三万年前といわれている。最古の遺跡は群馬県岩宿I遺跡で、約三万五〇〇〇年前の石器が発掘されている。近年、DNAの塩基配列（ハプロタイプ）の解析技術が進歩し、日本人の起源についても、考古学資料と突き合わせながら、その経路が明らかになってきている。それによると、およそ六万年前にアフリカを出たホモ・サピエンス（新人）は大きく三つの集団に分かれて世界中に拡散した。主にヨーロッパに分布するコーカロイド系、オーストラリアに分布するオーストラロイド系と華北から東アジア一帯に広く分布するモンゴロイド系である。日本人はモンゴロイド系に属する。

モンゴロイドの集団は、ペルシアからインドを通り、五万年前から四万年前にインドシナ半島に到達した。氷河期に当たるこの時期は、海水面が現在よりも約七〇メートル低く、マレーシア、インドネシア、フィリピンが陸続きになっていた。四万年前から三万年前、インドシナ半島のモンゴロイドは北上を始め、陸橋になっていた東シナ海、対馬海峡を通って日本にやってきた。さらに北上したモンゴロイドは、およそ二万八〇〇〇年前、シベリアからバイカル湖周辺にまで到達した。さらに、氷河期が終わりに近づき、寒さが緩んだ二万年前から一万年前、バイカル湖周辺に住み、耐寒体型に進化した集団が南下して日本にやってきたと考えられている。

最初に日本人が住みだした四万年から三万年前は寒冷な氷河期に当たり、北海道はツンドラ、本州は針葉樹林が主体の荒涼とした環境が支配していた。日本列島と大陸の間は氷河期の最盛期には陸橋となり、北からマンモス、ヘラジカ、バイソンが、南からナウマンゾウ、オオツノシカなどの大型哺乳類が渡ってきた。これらの大型哺乳類は季節ごとに移動を繰り返すことから、狩猟を主体としたこの時代の人々はこれらの獲物を追って移動を繰り返す生活を送っていたと考えられる。

縄文時代

食糧

縄文時代の特徴は、火との関連では土器の発明によって煮炊きが可能になり、これまで食糧とならなかったドングリ類やクリなどの堅果類、クズ、ワラビなどの根茎類を食べられるようになったことである。そのため、これまでの狩猟に頼り、獲物を求めて移動していた生活から、食物採集、狩猟に漁労を加え、自然と共生した定住生活に変化した。

最後の氷期の最盛期が過ぎ、晩氷期に当たる一万六〇〇〇年前から一万一五〇〇年前には、短期間に寒暖が起こり、氷期への逆戻りとなる寒冷気候が数十年続いた後、温暖期と入れ替わり、今日まで続く完新世の時代を迎えた。この晩氷期の地球規模で起こった激しい気候変動で日本列島に生息していた大型哺乳類は絶滅し、それに代わって、シカ、イノシシなどの中型、小型の哺乳類が生息域を広げていった。これらの哺乳類は季節ごとに大きな移動を繰り返さないので、人々も次第に定住化の傾向を見せるようになった。

日本列島の植生も、気候の温暖化によって、寒冷気候のツンドラや針葉樹林は徐々に北へ後退し、代わって西南日本の海岸地帯から落葉広葉樹林、その南から照葉樹林が広がってきた。落葉広葉樹林と照葉樹林の森林には、コナラ、クヌギなどのドングリ類、トチノキ、クリなどの堅果類が豊富に実をつける。これら堅果類の多くは、クズ、ワラビなどの根茎類同様、天然のでんぷんとアクのため、そのままでは食べることができない。石皿や磨石などの製粉具と加熱調理用の土器が必要になる。このような道具は携帯には不向きであり、道具を使いこなすことが定住化を後押しした。

定住化の傾向は、それまで食糧として利用してこなかった水産資源の利用を推進した。その証拠に、あちこちに貝塚が見つかるようになる。完新世に向かう環境の変化に適応して、植物採集、狩猟、漁労活動による縄文的な生活様式と技術が確立されたのである。青森県津軽半島の中央部、陸奥湾に注ぐ蟹田川左岸の河岸段丘にある大平山元遺跡から、旧石器時代の特徴をもつ石器と土器片、石鏃が出土している。土器片に付着していた炭化物の年代測定から、この土器は一万六五〇〇年前のものと推定された。土器片には縄による施文や貼り付け等の装飾がなく、無文で、縄文文化の草創期に当たる最古の土器である。住居は、柱穴やくぼみは認められず、地下への掘り込みもないことから、移動式のテントかそれに類する程度のものと推定され、縄文文化初期の定住へ移る過程を物語っている。

縄文時代の始まりは、植物質食糧の加工技術や貝塚の出現に象徴される、食糧採集において新たな利用の手段と技術が確立し、定住生活が本格化する約一万一五〇〇年前とする説が一般的なようである。この時期は、関東地方の土器編年で棒状のものに撚糸を巻きつけて土器の器面全体に回転押捺した撚糸文系土器、中部以西の西日本では丸棒に山形や紡錘形の模様を刻み土器の器面に回転押捺した押型文系土器の時期に当たる。それ以前を縄文時代の草創期、それ以降を、早期、前期、中期、後期、晩期の六期に分けている。

一万一五〇〇年前という時期は、世界史との比較からも特徴的な時期に当たる。この時期は、最後の氷期が終わり、温暖な気候に移る完新世の初頭になる。西アジアの肥沃な三角地帯を含むレヴァント地方で小麦や大麦、東アジアの長江、中・下流域で稲、黄河、中・下流域でアワやキビなどの穀物が栽培化され、初期農耕が開始される時期なのである。その一方で、森林資源や海洋資源の豊富な地域ではそれぞれの地域の自然資源を有効に管理し、特色ある地域文化を発展させた時期でもある。完新世の気候の温暖化のもとで、新しく形成された環境に適応した人類が、高度に集約化した獲得経済や農耕、牧畜による生産経済を開始することによって、各地で特色ある地域文化を発展させた時代が新石器時代である。この時期に日本列島で開花した地域文化を縄文時代の文化とすると、約一万一五〇〇年前を縄文時代の始まりとする説は、世界史との比較からもふさわしいように思う。

生活様式

縄文時代の集落は、東日本、とくに関東、中部地方に遺跡の数が多く、集落が発達していた。西日本は全体的に遺跡数が少ない。これは、東日本には河岸段丘や丘陵が発達し、緩やかな台地と湧水に恵まれ、縄文人が集落を営むのに適した場所が多かったのに対し、西日本は傾斜地が多く、急峻な山地が直接、沖積地に接しているために集落の形成に適した場所が少なかったことに起因する。また、近畿、瀬戸内から北九州地方は花崗岩地帯であり、花崗岩の風化によってできた真砂土（まさつち）は表層の土壌が消失しやすく、縄文人が環境に関与すると森林の再生を妨げ、環境破壊を起こしやすかったことも関係している。

また、森林の植生が東日本と西日本とで異なることも要因になっていると思われる。東日本の森林は主に落葉広葉樹林である。落葉広葉樹林は冬に葉を落とし、林床植物であるワラビ、ゼンマイ、フキ、クズ、ヤマイモ、キノコなど、縄文人が食糧とした植物が豊富だ。西日本に多い照葉樹林は年間を通して林床に光が届かないため、日光を必要とする草木が育ちにくく、林床植物に恵まれない。さらに、林床植物はクリ、クルミと同様陽生のため、樹林地に人の手を加えて明るい開かれた環境にしてやると飛躍的に生産量が増える。縄文人はブナ、ドングリなどが自生していた森林を、集落をつくるときにクリ、クルミを残して伐採し、大部分をクリ林として、林床植物が生えやすい環境を整え、維持管理した。

加えて、縄文人は定期的に山に火を入れ、森林の一部に草原をつくっていた。火入れをした後には、ワラビやゼンマイなどの山菜が一斉に芽吹いて成長する。また、稲、ヒエ、アワなどのイネ科の植物やソバなども生育する。縄文人は野焼きによって、原生林の林床には見られない食糧となる多様な植物を生育させ、より安定した生活を送っていたことが地質学調査からわかってきた。

集落をつくる環境の違いは、東日本と西日本とで異なる集落の発展をもたらした。東日本は恵まれた環境で集落を拡大し、人口を増やしていった。しかし、集落の規模を拡大すればするほど、気候変動などによる影響が大きく、最温暖期を過ぎ寒冷化に向かった縄文時代中期以降、集落の数を大きく減らしている。これに対し、西日本は生活環境に見合った緩やかで堅実な発展を遂げた。

縄文人の生活の充実ぶりは、使用した道具に表れている。代表例が土器である（図9－1）。土器には主に煮炊き用と貯蔵用の二種類があるが、早期までは、主に煮炊き用の深鉢型土器が使われる。前期になると、浅鉢、台付鉢が加わり、文様では縄文が特異な発達を見せる。中期になると口縁に大きな突起や粘土紐を張り付けるなどの文様が発達し、縄文は少なくなる。北陸地方の火焔土器や北関東・信越地域の焼町土器に代表される装飾性豊かな器である。後期、晩期になると、華麗な文様で飾られた深鉢、浅鉢、皿、壺、土瓶などが使われるようになる。また、東日本と西日本の生活環境の違

a）火焔土器

b）亀ヶ岡式土器

c）黒色磨研系土器

図9－1　縄文時代の土器（a:Morio. 2013. Jōmon Pottery〔Wikimedia Commons〕、b:I, PHGCOM. 2007. Jar with Spirals Final Jomon Kamegaoka Style〔Wikimedia Commons〕、c: 提供／豊後大野市）

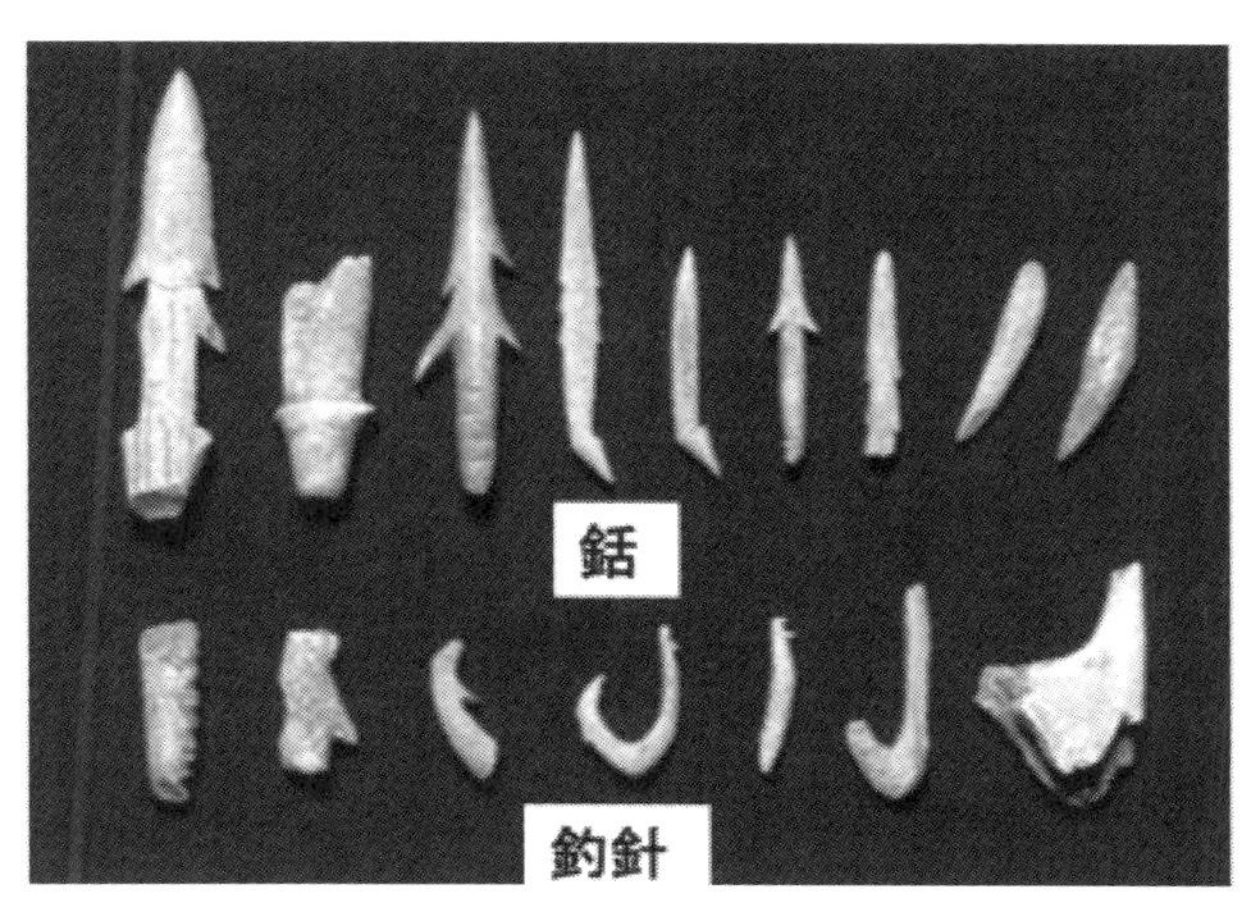

図9－2　いろいろな漁労具（提供／横須賀市、榎戸貝塚出土骨格器）

いは土器の発達にも表れている。東日本の土器は亀ヶ岡式土器に代表される豪華で爛熟した土器であり、西日本の土器は、質素で実用的な磨研系土器である。ただ、土器にさまざまな文様が施された理由はよくわかっていない。煮炊き用の土器に豪華な文様は必要なく、かえって邪魔になるだけだろう。それでも文様を施したことには縄文人の心性が働いていたことが想像できるし、現代人から見ると遊びや無駄と思える事柄が一定の価値観をもつ社会だったといえる。

石器は用途に応じて石材を使い分けて製作した。石鏃や石槍など鋭利な刃先の道具には、黒曜石、サヌカイト、頁岩など、硬く、貝殻状に割れる石材を用いた。植物質の食糧を製粉する石皿、磨石には、安山岩、閃緑岩、硬砂岩など、ざらざらした多孔質の石材を、木材を伐採する石斧には、蛇紋岩、凝灰岩、粘板岩など硬く緻密な石材を用いた。

漁労具では骨角製の釣り針（図9－2）が使われた。

早期の初頭にはすでに二センチ前後の非常に精巧なものが使われている。早期の末葉になると、魚の種類に合わせた大小の釣り針が用いられるようになった。中期の後半以降、三陸海岸や磐城海岸からは、軸と針を別々につくった一〇センチ以上にもなる大型の釣り針など多種類のものが発見されている。さらに、ヤスは早期の初頭から内海や内水面漁業の漁具として使われていたが、外洋性漁業用の銛(もり)が中期の後半以降使われるようになった。宮城県里浜貝塚では鹿角製の銛やヤス、大型の釣り針などが出土しており、これらの漁具を用いてマダイやスズキ、マグロなどの外洋性回遊魚を捕獲していた。また、晩期になると魚網も使われていた。

縄文人は狩猟具、漁労具、植物採集、加工具など、食糧の獲得とその利用、消費に直接関わる道具類のほとんどは、早期の早い段階で開発を済ませている。そして、それ以降は、生活用具、呪具、祭祀具、装身具などの社会的、精神的な要求に基づく道具類の開発へと向かった。代表的な生活用具が木工容器と編み物であり、その種類の多さと完成度の高さは縄文社会の豊かさを象徴している。木工や編み物は高い技術をもっていたが、とくに木工の技術は高く、新潟県御井戸遺跡から出土した取っ手付きの片口や水差し型の容器は赤い漆を塗り、精巧に仕上げられている。編み物は、つる植物や葦(あし)などのイネ科植物の繊維を利用したものと、木や竹を細く割ったものが使われ、捩(もじ)り編みあるいは網代編みによって、むしろや簾(すだれ)などの布類や籠などがつくられていた。

また、縄文人は造形美に優れた装身具も残している。耳飾り、髪飾り、胸飾り、腕飾り、腰飾りなど、今日見られる装身具の大半は縄文人がすでに身に着けていた。なかでも、軟らかい石や粘土を使った耳飾りは縄文時代を代表する装身具である。中国の玉器である玦(けつ)に似た玦状耳飾りは早期末から前期に列島全域に広がっている。玦状耳飾りは前期末から中期初頭に衰退するが、それに代わって土製耳飾りが中期から晩期にかけて、主に東日本で盛行した。胸飾りには硬玉、琥珀、滑石、貝殻などの各種材料を用いて、勾玉、丸玉、管玉、大珠などの形につくり、それらを単品、あるいは複数組み合わせてつくっている。腕飾りには貝殻、腰飾りにはシカの角を素材としてさまざまな装飾が施されている。髪飾りでは福井県鳥浜貝塚の赤漆塗りの木製櫛が有名である。この櫛は一枚の板目材から歯を削り出したもので、骨角製品の挽歯(ひきば)式でつくられている。この遺跡は縄文時代早期から前期にかけての低湿地の遺跡で、ほかにも丸木舟や弓、石斧の柄、鉢などの木製品や網などの繊維製品が出土しており縄文のタイムカプセルと呼ばれている。

さらに、遺跡からは土偶が見つかっている。土偶は、早期までは表現が稚拙だが、乳房の膨らみなどから、当初から女性を表現していたものと考えられている。そして、時期を経るにしたがって、乳房だけでなく、妊娠を思わせる下腹部や大きな尻部、女性器などを表現する例が多くなり、土偶が女性を形象化したものであることが明確になる。土偶が何のためにつくられたのかはよくわかっていない。病気や障害の快復を祈り、安産を祈願するなどの呪具、あるいは、集団の安寧や繁栄、豊穣を祈願した信仰具説が有力である。土偶が主に女性を形象したのに対し、男性を形象したのが石棒である。石棒は前期の東日本にその先行となる形態のものが現れ、中期になると大型になり、男根の表現もリアルになってくる。後期になると次第に小型化し、断面が円形から扁平になり、刀や剣を模したように見えることから、やがて精巧な石刀や石剣へと変化していった。

縄文人は、食物採集、狩猟、漁労の三つの生産部門の利用手段と技術を確立し、それらを組み合わせることによって、列島の四季の変化に対応し、これを巧みに利用する生活を送っていた。火入れをすることで草地を維持し、春は集落の周りに芽吹くフキ、ワラビ、ゼンマイ、ノビルなどの山菜やタラノキの新芽を摘んで、海辺ではハマグリ、アサリ、河口付近や汽水湖でヤマトシジミを採った。夏は漁労が最も盛んになる時期である。貝塚から出土する魚骨で最も多いのが、マダイ、クロダイ、スズキである。秋は、落葉広葉樹林ではトチの実、ナラなどのドングリ類、照葉樹林ではシイの実やカシなどのドングリ類と、集落周辺の雑木林ではクリ、クルミを採集した。ヤマイモ、クズ、ワラビなどの根茎類も秋の食糧である。また、栽培植物も収穫できた。水田による稲作が伝来したのは弥生時代であるが、縄文前期以前にはアブラナ、ウリ、エボマ、ゴボウ、ヒョウタンが、中期にはダイズ、アズキが、後期から晩期にかけては麦、アワ、ヒエ、稲が栽培されていた。冬は、主にシカ、イノシシなどの狩りを行った。

土器の発明は食糧の幅を広げた。煮炊きができるようになったことで、ドングリ、トチの実、ワラビ、ゼンマイなどの山の幸、貝類などの海の幸を日常食のメニューに加えることができたのである。さまざまな食糧を組み合わせ、味覚や栄養のレパートリーを広げていった。エゾニワトコ、サルナシ、クワ、キイチゴなどを発酵させた果実酒もつくられていた。

住居

縄文人の住居の大きさは床面積が平均二〇平方メートルであり、一棟が世帯として独立した夫婦と子どもからなる単婚家族だったと考えられる。集落は一棟だけのものや三棟前後のものが多く、親子二世代や、孫を含めた三世代程度で構成されていたとみられている。親族群として最も強い絆をもつとともに日常活動などでも支障が起こらない範囲であり、縄文集落の基本的な大きさと思われる。

このような小規模の集落のほかに、拠点となる集落が日本各地に存在した。このような集落は、棟の数が一〇棟から大きい集落では数十棟になったようである。拠点集落の特徴は、住居群が親族ごとにいくつかのグループにまとめられ、全体として中央の広場を囲んで環状に配置される環状集落の形態をとっている点だ。中央の広場は、各種の共同作業や行事、祭祀の場となり、複数の親族が円滑な共同生活を営むために重要な役割を果たしたとみられている。青森県の三内丸山遺跡に代表される巨大な木柱遺構や盛土遺構も、共同体を維持するために使われたもの考えられている。

また、広場を囲んで環状に配置された土地には、住宅が密集している場所、ものを貯蔵する場所、ゴミ捨て場、墓地などがあり、それぞれ使い分けていた。とくに、墓と普段生活をする住居とは厳密に分けられていた。大人の墓は地面に楕円形の穴を掘って、その中に埋葬された。穴の大きさは一メートルから二・五メートルで、手足を伸ばして埋葬されたと考えられている。ヒスイ、ペンダント、鏃（やじり）などの副葬品も見つかっている。子どもは普段使っている土器の中に入れ埋葬された。縄文人は単にゴミが増えて不衛生になったという理由で他の場所に移動することはしなかった。三内丸山遺跡の盛土遺構には、盛土をした約二メートルの層の中に一〇〇〇年以上のゴミの集積がみられる。

前節でも触れたが、縄文人は生業に用いる石器を、用途に応じた石材でつくっていた。これらの石材はすべてが集落の周辺で調達できたわけではなく、遠方から運ばれてきたものもある。ものによっては数百キロも離れたところから船で運ばれていた。縄文時代に流通していた物資には、石材のほかにヒスイなどの装飾品、塩などがあり、生業の余剰生産物が交換品として供給されていた。ただし、この時期には経済という概念はなく、これらの物資の供給はあくまでも余剰品の自然発生的な活動であり、商人などが介在する交易といった活動ではなかった。

また、移動する物資の流通、配布は集落ごとに個別に行っていたわけではなく、いくつかの集落が集まった共同体的な組織によって行われていた。このような集落を統合する社会組織を村落と呼んでいる。流通、配布の仕組みを集落の上部組織である村落が握り、その村落が主体となって、ほかの村落との折衝や情報の交換などを担っていたと考えられている。縄文時代の社会は、一つの集落が独立して生業活動を営んでいるように見えて、実際にはいくつかの集落が集まって村落を形成し、その村落には必ず拠点となる環状集落が存在した。環状集落の広場は、そこの構成員だけではなく、村落全体の構成員が結集する場だったと考えられている。

縄文時代は一万年以上の間、安定した生活が続いた。三内丸山遺跡のように一〇〇〇年以上続いた集落もある。安定した生活を営むためには豊かな経験と知識をもった長老がリーダーとして指導的な役割を果たしていたと考えられる。社会を維持していくために原始的なアニミズムがあったこともうかがえる。しかし、これらの人物が共同墓地の一角に葬られ、傑出した墓を築かなかったことから、身分階層として固定化した階層から生まれたものではない。縄文社会は、首長制社会までは発達しておらず、互恵と平等主義に基づいた氏族社会であったと考えられている。

縄文時代にはヒョウタンやエゴマなどが栽培されていた。また、後・晩期には西北九州を中心に稲、麦、アワ、ヒエなどの穀物類が栽培されていた。にもかかわらず、縄文人が自然物に頼る生活をやめて、計画的に食糧を生産する生活に切り替えることはなかった。縄文時代の植物栽培は数千年の間、その発展をみせることなく、縄文時代の生産や社会を恒常的に支える経済基盤とならなかったのである。これは、日本列島を覆う火山灰土壌が大きく関係しているとみられている。火山灰土壌は作物の生育に必要なリンが不足し、また酸性のため、大規模な土壌改良なしには畑作に不向きであった。さらに、焼畑を行っても雨量が多いモンスーン気候のため、肥料となる灰が多量の雨ですぐに流出してしまう。すでに稲などの栽培植物が持ち込まれていたものの、それが野生の植物との境界がないような利用という、獲得経済の範囲内での利用にとどまらざるを得なかった、というのが一般的な見方である。しかし、縄文時代は外乱もなく平和であり、人々は自然とともに心豊かに暮らしていた。生活を変える必要がなかったのだと思われる。

朝鮮半島で水田稲作が開始されたのは紀元前一〇〇〇年頃といわれている。中国で殷から周に政権が交代する時期である。山東半島やその周辺の集団が朝鮮半島に水田稲作技術をもたらした。それは結果として朝鮮半島の緊張を生み、朝鮮半島南部の集団が日本列島に渡来する契機となり、日本列島に完全な水田稲作技術を伝えた。雨季が稲の生育期に当たり、日本列島の気候に適した農耕だったことから、水田稲作は、縄文人に農耕の新しい経済生活へと踏み切らせた。四季の食糧獲得方法を熟知し、各地の環境に合わせた植物栽培の経験と知識をもっていた縄文人は、水田稲作技術の導入に際して従来の半自然的な伝統の上に新たな稲作技術を複合させていった。弥生時代の始まりである。

しかし、北海道は稲が生育するには冷涼であり、また、南西諸島は灌漑に適する地形条件がない隆起珊瑚礁であったため、水田稲作が普及せず縄文時代の生業や生活が七世紀から九世紀頃まで続いた。前者を続縄文文化、後者を貝塚文化といい、それぞれ、アイヌ文化や琉球王国の礎となった。

弥生時代

集落

弥生時代は水田稲作の始まりによって、それまでの獲得経済から食糧生産経済が開始された時代である。これは、農耕による食糧生産の始まりとともに世界各地で起こったように、灌漑農業の始まりや農具の発達などで、農作業が労働集約的になり、生産性が向上し、人口を増加させた。その結果、集約的農業をいち早く会得した集団が粗放的農業の集団を駆逐していった時代でもある。さらには、階層化された社会が形成され、権力を握った首長を中心とした政治社会への組織化が進む時代ともいえよう。

火との関連では、鉄器、青銅器など、金属器の使用が始まった時代でもある。灌漑の整備や金属器の製作には大量の木材が必要になる。縄文時代の自然と共生した生活から自然と対峙した生活に変化が起きた。金属の冶金技術や金属を潤沢に所有していることが、農業の生産性を左右し、国力を左右した。ひいては、その国の文化や風土、国民性などにも影響を与えるようになった時代の幕開けでもある。

日本の場合、高度の水田稲作技術をもった集団が海の外から渡来したことで始まった。縄文時代晩期から弥生時代早期にかけて、主に北部北九州に中国大陸あるいは朝鮮半島から渡来したと考えられている。北部九州地方の甕棺墓等から出土するこの時期の人骨は面高で身長が高く、中国黄河流域や朝鮮半島から出土する人骨と同じ特徴を備えており、縄文人の特徴とは異なっている。また、大陸系の磨製石器や炭化した米などがこの時期の北部九州の遺跡から集中して出土している。一方で同時期の西九州や東日本から出土する人骨は縄文人の特徴をもつ人骨であることから、渡来した人々の数はそう多くなく、北部九州付近に分布する程度だったと思われる。

彼らは、福岡市の板付遺跡に代表されるように、早い段階から集落の周りに濠をめぐらせた環濠集落を形成した。この段階の環濠集落は渡来した人々の戦略的拠点だったと考えられ、土着の縄文人との間で戦いがあったことをうかがわせる。板付遺跡の水田跡は水位を調節する井堰や水路を備えており、木製の農具も当時から鋤、鍬などがそろっていた。彼らがもたらした水田稲作農耕はすでにかなり高度な水準に達したものだったことがわかる。

水田稲作技術は急速に列島各地に広がっていった。縄文時代中期の最温暖期には海水面が上昇し、海岸線が陸地内部まで入り込んでいたが、縄文時代中期以降は気候が寒冷化し、海岸線が徐々に後退し始めた。海岸線の後退に伴い陸地化した場所には沖積平野が広がり、初期の水田稲作に絶好の耕地となった。筑紫平野、福岡平野、摂津平野、唐津平野、糸島平野、嘉穂平野、岡山平野、河内平野、奈良盆地、和泉平野などの西日本の各平野には、水田稲作が普及し、多くの集落が形成された。しかし、静岡東部の平野より東の太平洋沿岸地域は関東ローム層の火山灰土壌に阻まれ、水田の普及が遅れた。これに対し、日本海側は水田稲作に適した土壌のため普及が進み、弥生時代前期には青森県の弘前市（砂沢遺跡）にまで水田稲作が広がった。青森県南津軽郡の垂柳遺跡からは広範囲に整備された弥生時代中期の水田区画が発見されている。

弥生時代の集落は、水田をつくるのに適した湿潤な低地を望む微高地や台地につくられた。竪穴式住居三棟に倉庫一棟がひとまとまりになり、それが一〇軒程度集まって一つの集落を形成していた。少し離れた場所に墓地がつくられた。さらに、一般的な集落とは別に縄文時代にもみられたような拠点集落も存在した。弥生時代の拠点集落は周囲を濠で囲んだ環濠集落が特徴で、一般の集落にはみられない祭祀施設とみられる神殿風の大型掘立柱建物を備えていた。

弥生時代中期から後期にかけて、中核的な大規模環濠集落が出現する。ほかの環濠集落より格段に規模が大きく、数十万平方メートルの広さがあり、その地域の中心的集落とみられるものだ。環濠で囲まれたエリアは、居住区、倉庫群、工房区などそれぞれ機能を備えており、溝または柵で区画されている。その中には祭祀的性格を備えていたと考えられる大型建物を配する特別区画があった。このような中核的大規模環濠集落がみられるのは北部九州と近畿地方に限られ、この時期の重要な勢力の拠点であったと考えられている。北部九州には佐賀県吉野ヶ里遺跡、長崎県壱岐の原の辻遺跡、近畿地方には奈良県唐古・鍵遺跡、大阪府の池上曽根遺跡がある。

鉄器

弥生時代は鉄器、青銅器の使用が始まった時期でもある。ともに弥生時代初期に朝鮮半島よりもたらされた。鉄器は主に工具などの実用品として、青銅器は、はじめは武器として、後には祭祀用具として用いられた。鉄器、青銅器はまず北部九州に伝わり、そこから中国、四国、近畿地方に広がっていった。この頃は鉄鋌（てってい）の形で鉄の素材を朝鮮半島から輸入していたため、朝鮮半島に近い北部九州地域が豊富に鉄を所有していたのである。鉄の素材が国内で供給できるようになるのは古墳時代になって以降の五世紀である。弥生時代中期前半までは福岡県の福岡市周辺や八女市周辺の地域で鍛造法や鏨切（たがきり）法による鉄器の生産が行われ、木工用の鏨（たがね）など小型の工具を中心に普及していった。後期以降西日本全域に広がり、農具や武器としても用いられるようになった。青銅器は、北部九州を中心とする地域で銅矛、銅剣、銅戈（どうか）など武器の製造が、畿内を中心とする地域では銅鐸がつくられた。青銅器は弥生時代前期に朝鮮半島から持ち込まれるとすぐに、北部九州、山陰、四国地方に広まり、生産が開始され、一部の武器を除いて鋳造によってつくられた。銅鐸は祭祀用として、初期には朝鮮半島から持ち込まれたとみられるが、列島で生産されるようになり次第に大型化していった。鏡も前期末に渡来し、中期以降は列島で生産された。

弥生時代の鉄文化の特殊性は、鉄と製鉄技術が当時の最高水準だった点である。個人的関係や集落レベルの接近ではその技術を摂取、移入できるものではなく、組織的、政治的勢力の後ろ盾が必要である。日本各地に製鉄技術が伝承するのも政治的な関係で飛び石的に進められた。前期の鉄製品が出土している地域は、九州地方は福岡県、熊本県、鹿児島県、中国地方は山口県、広島県、近畿地方は大阪府、兵庫県、奈良県の八か所だけである。

大分県下城遺跡は弥生時代中期の遺跡であるが、ここは、前期末からの鍛冶跡（かじあと）とみられている。ここから出土した鉄器は炭素含有量が高いことから、舶来した鋳造品と考えられる。この時代の鍛冶跡は福岡県下にも六六か所見つかっている。前期の鉄器は鋳造品が多く、時代が下がるに従い鍛造品に置き換わり、形も大型化した。中期の福岡県須玖岡本遺跡から出土した鉄剣の長さは三〇～四〇センチだが、後期の佐賀県三津永田遺跡の鉄素環頭大刀は五〇センチ、福岡県糸島郡前原町の平原遺跡の環頭大刀は八〇センチと時代を下るに従い長くなっている。

出土品から、時代を通して相当多くの種類の鉄製工具がつくられ使用されていたと考えられている。工具類は形状が小さく、腐食してしまって原形をとどめないものが多いが、低湿地帯の住居跡などで木器は当時のものがほぼ完全な形で多数見つかっている。木の材質や加工状態から技術的に鉄製工具の存在を無視しては考えられないようなものが多く、鉄製の工具類は発掘されているもの以上に普及していたと考えられている。木器は兵庫県尼崎市上ノ島遺跡、奈良県唐古・鍵遺跡、大阪府瓜破遺跡、静岡県登呂遺跡、大分県安国寺集落遺跡などで発掘されている。

工具類も弥生時代中期までは鍛造品よりも鋳造品が多いが、中期以降、鋳造品は次第に姿を消し、鍛造品が多くなる。鍛造品は用途に応じて、多くの種類がつくられていた。中期の長崎県壱岐の原の辻遺跡および後期の唐神遺跡から出土している鉄製工具類は、鋤、鍬先などの農耕具、釿（ちょうな）、槍鉋（やりがんな）、刀子などの木工具、鏃、銛、釣り針などの漁労具、小型の鋌類似品などで、種類が多い。中期の頃は鉄器と石器が混在しているが後期になると石器の量は減り、鉄器が多くなっている。前漢末の王莽（おうもう）の時代（紀元前四五～紀元二三年）につくられた貨幣（貨泉）や漢式土器などが伴出物として出土しており、大陸との間で鉄を巡って交易があったことを示している。

『魏志』辰韓伝に鉄器文化流入の過程で、朝鮮半島南部でつくられた鉄を韓、濊、倭の三国が購入し、楽浪や帯方の二群に貢ぎ物として供給されていたことを示す記述がある。鉄が貨幣代わりに使われていたのだ。鉄鋌と呼ばれ、長さ三〇～四〇センチ、中央の幅が五～八センチで重さ二〇〇～七〇〇グラムである。『日本書紀』神功皇后紀四六年にも百済の肖古王（しょうこおう）が倭の使臣に鉄鋌四〇枚を与えた記録がある。当時の鉄の価値を示すものとして注目される。倭が南朝鮮に居住していたことは歴史研究でわかっており、南朝鮮の釜山付近に住居を構え、北九州と行き来していたことは確からしい。

弥生時代の製錬遺跡は確実な例がなく、福岡県潤崎遺跡から出土した鉄滓の分析などから、日本での製錬の始まりは五世紀半ば以降とみられている。最古の製錬遺跡は広島県カナクロ谷遺跡、戸の丸山遺跡、島根県今佐屋山遺跡など、六世紀である。中期の鹿児島県指宿市山川町成川遺跡から出土した鉄塊の炭素含有量は、〇・三五～〇・六パーセントと少なくなく、十分に浸炭していることから、満足に温度の上がる炉を使って製錬、鍛造されたものと思われる。弥生時代は製錬を朝鮮半島で行い、鍛造のみを日本で行っていた過渡的な時代であったとみられる。しかし、鉄器の使用が始まるとともに朝鮮半島から続々と技術者が移住しており、砂鉄、磁鉄鉱、赤鉄鉱が比較的豊富な北九州、中国地方で鍛造の技術をもった職人が何百年も製錬を行わなかったとは考えにくい。鉄は一酸化炭素濃度が高ければ、四〇〇～八〇〇℃の低い温度でも還元され製錬できるので、地面に穴を掘り、そこに砂鉄と薪を交互に敷き詰めて火をつける程度の素朴な方法で製錬していた可能性は十分考えられるが、そのような遺構は見つかっていない。

また、弥生時代にはすでにふいごが使われていたようである。『古事記』に、天照大神（あまてらすおおみかみ）が天石屋戸（あまのいわと）にこもられたとき、思金神（おもいかねのかみ）の発案で「天金山の鉄を取り、鍛人天津麻羅を求めてきて、伊斯許理度売命に科して鏡をつくらせた」とある。同様の記述は『日本書紀』にもある。『古事記』『日本書紀』ともに七〇〇年代の書のため、創作があることは十分考えられるが、弥生時代の製鉄はすでにふいご（天羽鞴（あまのはぶき））を使用するほど進歩していたと思われる。

墓と葬送

弥生時代の社会の変遷を象徴するのが墓である。早期から前期の墓は土壙墓（どこうぼ）であり、木棺の墓が主体である。木棺は縄文時代には見つかっていないことから、朝鮮半島から渡来したとみられている。北部九州や西北九州では支石墓や甕棺墓が発見されている。この当時、朝鮮半島に甕棺墓はないことから、この地方独自の墓形式とみられている。いずれも、集落に近接した場所にまとまってつくられることが多い。

前期末から中期になると、北部九州地方で、銅剣、銅矛、銅戈などの青銅器を特定の墳墓群に集中して副葬する例が現れる。前期末の福岡県吉武高木遺跡では、青銅器が副葬された甕棺墓が集中する墳墓群に近接して大型の祭祀用とみられる建物跡が出土した。佐賀県吉野ヶ里遺跡では首長墓とみられる北墳丘墓を中心に立柱、墓道がつくられ、祭祀土器を大量に廃棄した祭祀的空間が広がっている。さらに、後期後半には北墳丘墓と関係する北内郭がつくられた。これらは特定身分の墳墓を祖霊祭祀する儀礼的行為が現れたことを示しており、首長が社会の指導者としての地位を確立し、その新たな社会の統一原理として、祖霊祭祀とこれに伴う各種儀礼が政治的社会の形成に重要な役割を果たすようになったことを表している。

同時に、この時期、青銅器の武器が大型化し、実用器から祭祀器へと役割を変えていった。武器型祭祀器の出現は、戦神や軍事的祭儀が祖霊祭祀と併せて社会を統一する重要な構成要素となっていったことの表れととらえられる。この段階で国の領土拡張、領土防衛といった戦略的戦いが行われるようになったことを表している。紀元前後に「倭人百余国に分かれ、一部は楽浪郡に朝貢」、また五七年には「倭の奴国王、後漢に朝貢し、光武帝から印綬授かる」の記録が『魏志倭人伝』『漢書地理志』『後漢書東夷博』などにある。

統治の手段としての信仰

中規模的大規模集落は弥生時代後期の初めに施設、設備とも拡充の頂点に達し、やがて末期になると解体し、姿を消していく。この段階では交易の拡大や領土の保全を共通利害とした国の連合化が図られ、また一方で、より広い領域の覇権をかけた戦いが行われるようになった。『魏志倭人伝』に記されている倭国大乱（一八四年頃）はこの段階での戦いを表していると考えられる。新たに拡大していく政治秩序のもと、中核的大規模環濠集落を構成した首長の墓や館、祭殿などは再編、再配置されていったようである。

農耕の開始は身分階層の文化と地域格差を生み、新しい世界観や支配秩序をもたらした。『魏志倭人伝』には、大人（支配層）、下戸（一般身分）と生口（奴隷身分）の階層が存在したことが記されている。また、卑弥呼という女王が邪馬台国に都を置いたこと、伊都国、狗奴国には王がいたことが記されている。卑弥呼は鬼道に優れ、人前には姿を見せず、一人食事を運び卑弥呼の言葉を聞くために出入する男の従者がいること、卑弥呼の弟がいて政治を補佐していることも記されている。このことから、邪馬台国の政治形態は祭祀を司る最高権威者（卑弥呼）と、行政、政治を治める最高権力者（弟）がいて、二人が国の最高支配者として機能していたことがわかる。また、各地方の国には官や副官などの行政官を置き、邪馬台国以北の国を監視する「一大率」を置いていた。国々の市を監視する官職もあったことが『魏志倭人伝』に記されていることから、組織化された行政機構が存在したことがわかる。また、租税もあったことが同書に記されているが、その詳細は不明である。

縄文時代の信仰は、海、山、川、森、動物、植物や道具など、あらゆるものに霊が宿り、それが人間社会に影響を与えるとする精霊信仰であったが、水田稲作の渡来以降、稲の豊穣を祈る穀霊信仰と祖霊信仰が加わった。とくに、穀霊を運ぶ生物として鳥が崇拝され、鳥型の木製品が大阪府池上曽根遺跡と山口県宮ケ久保遺跡から、鳥装をしたシャーマンを描いた土器が奈良県清水谷遺跡と鳥取県稲吉角田遺跡から出土している。また、島根県津和野町弥栄神社には現在も鷺(さぎ)の姿に扮して舞う鷺舞の神事が伝わっている。穀霊を運ぶ生物として鳥を崇拝する風習は東南アジアの稲作民族に広くみられる。また、神武天皇の群を先導した八咫(やた)の烏(からす)など、鳥に対する独自の崇拝が『古事記』『日本書紀』にみられる。

農耕を中心とした生活サイクルは、縄文時代から見られた作物の実りに不可欠な太陽の恵みに対する信仰を増大させていった。さらに、身分階層が出現し、王や女王の支配力に祖霊信仰のもと神聖性が付加され、いっそう特別な意味をもつようになった。また、太陽の運行に合わせて、夏至、冬至、春分、秋分などの歳時的情報と農耕儀礼を整合させ、それに合わせて王、女王が社会的代表者として五穀豊穣を祈願する暦の祭祀ができあがった。

弥生時代の生業サイクルは稲作を中心に、縄文時代から営まれてきた植物採集、狩猟、漁労活動が組み合わさって構成されていた。春は、稲の種まき、田植えにヒエ、アワ、キビの種まき、麦の収穫、ワラビ、ゼンマイ、魚、貝の採集が行われた。同時に、豊作祈願の祭祀が営まれた。豊作祈願には豚、牛などを生贄として捧げた。夏は、田や畑の草取り、養蚕、麻の栽培と漁労が中心である。虫追いの儀礼や夏至の祭祀が行われた。虫追いの儀礼では、牛の肉と男根の形をした祭具が田の水口に置かれた。男根の形をした木製品の祭具が奈良県唐古・鍵遺跡から出土している。秋は、稲、ヒエ、アワ、キビの収穫と麦の種まき、ドングリ、クリ、ヤマイモの採集、麻糸、生糸の紡績と漁である。また、収穫の儀礼が盛大に行われた。収穫儀礼は農耕の最も重要な儀礼である。収穫した初穂や収穫物でつくった飯と酒などを神や祖霊に供え物として捧げ、それを人々と神や祖霊と共食する催しが、各家、集落全体、国全体で行われた。冬は、麦踏、農具の製作や手入れ、狩猟、機織りが行われた。冬至の祭祀も行われる。太陽の復活と関連づけて冬至を祝う風習は世界各地にみられ、日本には現在でも、宮中の大嘗祭が伝わっている。

古墳時代

国家の成立

古墳時代はとくに前方後円墳の築造が卓越した時代である。三世紀半ばから七世紀末までの四〇〇年を指すことが多い。二二六年から四一三年にかけて中国の歴史文献に倭国の記述がなく、詳細を把握できないが、弥生時代末期に北部九州を中心とする政治勢力と奈良盆地東南部を中心とする政治勢力が存在したことがわかっている。その一方が、三世紀前半に活躍した倭国王（卑弥呼）の邪馬台国である。この両地域の勢力が母体となって、古墳時代のいずれかの時期に畿内を本拠地とするヤマト王権が四世紀中頃に成立した。考古学的には奈良盆地勢力が吉備をはじめとする列島各地の勢力と連合してヤマト王権に成長していき、その過程で北部九州の勢力が衰退したと考えられている。ヤマト王権は大和地方（畿内）を本拠地として、本州中部から九州北部までを支配していた。ヤマト王権が倭国を代表する政治勢力に成長する過程では大小勢力や種族との衝突があったことが、『日本書紀』や『古事記』にそれをうかがわせる記述が残されている。

中国による倭国の記録は五世紀から始まった。四一三年に倭国が貢ぎ物を献じた記録が『晋書』安帝記にあり、国家として晋との交流をもっていたことがうかがえる。また、四二一年の宋書『倭人伝』に倭王の讃が東晋に遣使を送った記録がある。それ以後、中国史書に倭王に関する記事が散見されるようになり、珍、済、武がそれぞれ宋に遣使を送った記録が残されている。武は雄略天皇とみられ、先祖から苦労して倭の国を統一したことが記されている。

全国的に鉄器が行き渡るようになると、農産物の量が増え、経済力が強まった。経済力が強化されると、共同体の首長は経済力に任せて権威を民衆に誇示するため、巨大な墳墓を造営した。三世紀半ばから四世紀初めの古墳時代初期は、まだ弥生式文化の色彩が強く、豪族の台頭期でもあり、支配の形態が貧弱だったので、首長は権力者の性格をもちながら司祭者的性格を兼ねていた。そのため、経済力がそれほど強固なものではなかったとみえて、古墳は後世のものに比べて小型のものが多い。

古墳

古墳時代を象徴する前方後円墳は、ヤマト王権が倭の統一政権を確立していく中で各地の豪族に許可した墓形式であったと考えられている。三世紀半ば過ぎに、畿内、吉備、出雲、筑紫など、西日本各地に壺型土器や台形土器を伴った墳丘墓が出現する。その後、前方後円墳の先駆けとなる円墳、四隅突出型墳、さらにそれが変形した大型方墳が現れた。また、三世紀後半には奈良盆地に王墓とみられる前出の古墳と比べて格段に大きな前方後円墳がつくられた。ちょうどヤマト王権の成立期に当たり、前出の古墳の特色が融合された様子がみられることから、ヤマト王権が各地の勢力を連合させ、成立した過程をみることができる。

四世紀中頃から末にかけて、奈良盆地の北部、佐紀の地に四基の大王墓クラスの前方後円墳が築かれた。奈良盆地の前方後円墳は、埋葬施設が竪穴式石室、副葬品は呪術的な鏡、玉に加えて、円筒埴輪などの石製品、剣や鉄製農耕具がみられる。しかし、石製品や貝製品が多く、鉄器はほかの副葬品に比べて非常に少ない。三世紀末から四世紀初めにつくられた崇神天皇陵の倍塚である奈良県大和天神山古墳から出土した剣はわずか四本であった。四世紀後半につくられた古墳時代前期最大級の黄金塚古墳（大阪府）は二三九年の銘がある鏡が出土したことで有名だが、その中央槨の副葬品でも剣は二〇本であった。

四世紀末から五世紀の古墳時代中期になると、前方後円墳は奈良盆地から河内平野に移り、巨大古墳が約一世紀の間、築造された。経済力が著しく高まり、首長の完全な支配体制が完成し、富の集中が起こったのである。豪族間の淘汰も進み、国家が統一され、ヤマト王権の地位も不動のものとなった。強い権力で古墳の築造に偉大な力が集結され、応神天皇陵や仁徳天皇陵など、大規模な古墳が出現した。副葬品は、本来の宗教的、呪術的性格をもつ鏡や玉などの用具は模造品が多くなり、代わって、巨大化した人物埴輪や大陸文化の影響を受けた素環頭大刀のような金銀づくりの優美な武具や華麗な装飾品など、階級社会の権威を誇示するものが多くなっていった。

たとえば、中期前葉の奈良県メスリ山古墳からは鉄剣二五本、そのほか鉄弓、鉄鏃などの武具が大量に出土している。滋賀県新開古墳（中期中葉）からは鉄剣九本、鉄刀一〇本、和歌山県大谷古墳（中期中葉）からは鉄剣二本、鉄刀六本に加えて鉄製馬冑が、履中天皇陵の倍塚である大阪府七観山古墳（中期後葉）からは鉄剣と鉄刀合わせて三〇〇本が、応神天皇用の倍塚である大阪府野中アリ山古墳（中期後葉）の北施設から鉄剣八本、鉄刀七七本、鉄槍八本、中央施設からは鉄槍四〇本が、京都府長岡京市恵解山古墳（中期後葉）からは鉄剣と鉄刀合わせて二一一本が出土している。いずれの古墳も鉄製の刀剣類のほか、鉄製の農耕具類が大量に副葬されており、その量も最盛期を迎える。この期の鉄器の副葬からは、権威の象徴と同時に量産体制が整い、実用品となったことがわかる。

また、副葬品に鉄製の馬冑や挂甲（けいこう）が現れた。戦いで騎馬が用いられるようになったとみられ、鎧は前期の粗末な短甲が改良され鋲接の優美な曲線をもつものとなった。大陸の鎧形式が伝来したものと思われる。そのほかにも、中期前葉の岡山県金蔵山古墳からは鋳鉄製の斧五組と武具のほか、大量の農耕具、狩漁具など、吉備製鉄の中心を象徴する大量の鉄器が出土している。さらに、鉋とみられるものの一部には轆轤（ろくろ）用の工具と思われるものも含まれている。

五世紀半ばには、畿内、北部九州各地に巨大な前方後円墳が築造されるようになった。とくに畿内では、大伴氏や物部氏、蘇我氏などの新興勢力が台頭し、これらが特権意識から古墳を乱造したため、各地に古墳の大群集が出現した。畿内の古墳には武具などの器財埴輪、家形埴輪などが、北部九州の古墳には石人、石馬などの人物埴輪や動物埴輪が副葬されている。鉄器は中期に引き続き豊富で、刀剣類のほか、農耕具類が副葬されている。刀剣類は頭椎大刀のように、形は単純だが風格を備え、装飾と実用を兼ねた純日本的なものが生み出された。五世紀後半には、畿内、北部九州の古墳で横穴式石室が増え、玄室に壁画を描いた装飾古墳も現れた。また、築造には、てこや轆轤のような簡単な道具類が使用され、労働力の合理的な使用が始まっていた。

六世紀終わりになると日本各地でほぼ時を同じくして前方後円墳が築造された。ヤマト王権が確立し、また、五世紀初めに始まった朝鮮への遠征によって見識が広まり、その知識によって中央、地方の統治組織を充実させ、より強力な政権に成長したことの表れとみられている。

古墳時代末期になると、一部の豪族に鉄が集中し富を築いたため、古墳をつくるような特権階級にとって鉄には宝器的価値がなくなり、副葬品にも雛形や鉄器型石製品のような形式的なものが多くなり、副葬品の量も少なくなった。さらに、六四六年に薄葬令が出され、階級別に築造の規模と副葬品を定めたため、金、銀、銅、鉄、玉など、賻物（ふもつ）の量は少なくなった。さらに、仏教の伝来によって火葬が普及し、古墳の築造熱は衰退していった。

製鉄

鉄の製錬は五世紀頃から列島各地で開始されたとみられている。農耕具が普及し、曲刃鎌、U字型鋤先、鍬先などがつくられた。五世紀半ばには広島県庄原市の大成遺跡に大規模な鍛冶集団が存在したことがわかっている。確認できる最も古い製鉄遺跡は、中国地方に集中しており、広島県カナクロ谷遺跡、戸の丸山遺跡、島根県今佐屋山遺跡で、時期は六世紀後半から七世紀前半である。また、五世紀後半には朝鮮から須恵器の技法が伝わり、大阪南部で生産が始まった。

『日本書紀』の道臣命が勇躍と歌った中に、「忍坂の大室屋に人多に来入り居り、人多に入り居りとも、みつみつし久米の子らが、かふつつい、いしつついもち、うちてしやまん」とある。頭椎剣は鉄製で、従軍中のごく少数の豪族、貴族が持ち、一般の兵士（久米の子）たちは石棒や木刀を使用していた。弥生時代末期から古墳時代の頃、鉄剣時代とはいえ、不足しがちな刀剣事情を的確にとらえている。また、『鹿島神宮略記』に、「神武天皇が日向を発し、河内摂津の方面から大和国に攻め上ったとき、賊勢が強く、攻めきれず、道を紀伊に転じ、熊野から入って攻略しようとしたが戦勢が振るわなかった。悩んでいたところ、熊野高倉下命より武甕槌神が国土平定に用いたと言い伝えられる韴霊剣を献上され、それを用いて難攻不落の長髄彦を打ち破って日本統一を達成した」とある。鉄器はあったが、まだ量的にきわめて少なく偏在していた様子がわかる。

聖徳太子『古今目録抄』には、用明天皇二年（五八七）、秦河勝が物部守屋を斬殺したときに使った剣は、聖徳太子が百済から鉄細工を召してつくらせ、蘇我馬子と蝦夷に一振りずつ与えておいたものを、馬子は迹見赤檮（とみのいちい）に、蝦夷は奏河勝に与えたと書かれている。したがって、朝鮮半島からの渡来人が高い技術をもち製鉄の主力であったにしても、六世紀後半には我が国に相当進んだ製錬や鍛造の技術が入っていたのだろう。さらに、『日本書紀』に、「事代主神と三島溝橛耳神の娘の玉櫛媛の間に生まれた神武妃に媛蹈鞴五十鈴媛命と名付けた」とある。媛蹈鞴五十鈴媛命とは蹈鞴（たたら）で鉄をつくる集団の親分の娘という意味であり、『日本書紀』が書かれた七〇〇年代初めにはすでに吉備や雲伯地方で鉄の生産がまとまって行われており、製鉄としての蹈鞴が知識人には知れていたことがわかる。

大陸文化の受容

五三八年、朝鮮半島の百済から仏教が伝わった。仏教と一緒に儒教や道教、さらには中国の制度も入ってきた。これを契機にヤマト王権は律令国家としての形を整え始める。たとえば、聖徳太子が十七条憲法を制定し、日本古来の思想と新しい思想との融合を説いた。さらに、唐に対抗して国史の編修に着手し、自然崇拝、祖霊崇拝など原始的な形であった日本古来の宗教である神道を律令国家神道として秩序化し、伊勢神宮に斎宮を置くとともに天照大神を最高神として祀り上げた。一方、仏教も律令国家仏教として国教化を進め、仏教によって国家統一と国家秩序の構築が試みられた。

弥生時代とそれに続く古墳時代は、一万年以上続いた縄文時代の互恵と平等主義に基づいた共同体が、突然外から持ち込まれた水田稲作によって首長を中心とした専制的権力社会へと移行し、わずか一〇〇〇年余りの短い期間に国家社会へと変貌した戦乱の時代だった。しかし、このような激動の時代を支えたのは、何でも取り入れて、それを丸く収める、心豊かな縄文時代に培われた寛容的な風土ではないだろうか。突然もたらされた水田稲作を渡来人と争いながらも取り入れ、従来の伝統文化の上に新たな文化を融合させていった。それは、日本古来の伝統的価値観を消滅させることなく生き続けさせることができた大きな要因だったように思う。

もう一つ弥生時代と古墳時代を特徴づけているものは鉄である。鉄を豊富に所持していることが国力を左右した。この時代は鉄の朝鮮からの輸入と国内の鉄資源の物流経路の確保を巡って戦争が起こったといっても過言ではない。同時に、一道具一目的というように、用途に合わせてさまざまな種類の工具や農耕具を開発している。その鋭敏な好奇心と探究心によって開発された鉄製の工具と農耕具は、灌漑土木や農作業の意欲を高め、農業の集約性と生産性を高めた。縄文時代にもさまざまな種類の漁具や狩猟具が開発されている。しかし、鉄製の工具と農耕具は、穏やかでゆったりとした石や木の時代にはなかった猛々しさを生み出した。これは、縄文時代が長く続いた沖縄人や人種的に似通っている朝鮮人と異なった文化、民族性を育んだ大きな要因の一つであると思う。とくに、朝鮮半島は古代日本に鉄文化をもたらした製鉄の先進国であったにもかかわらず、その後停滞してしまった。

司馬遼太郎は、そのような違いを生んだ原因は鉄の潤沢さにあり、しかも砂鉄や鉄鉱石などの鉄資源ではなく木材の供給力の差にあったと指摘する。東アジアの製鉄は主として砂鉄を原料とした。砂鉄は花崗岩や安山岩のあるところならどこにでもある。問題はそれを製錬する燃料である。古代に比べて熱効率の良い江戸時代の製錬法でも、砂鉄から一二〇〇貫（約四・五トン）の鉄を得るのに四〇〇〇貫（約一五トン）の木炭が必要だった。四〇〇〇貫の木炭を得るためには燃料として一山分の木を伐らなければならない。しかも、江戸時代の製錬ではこれを三日で消費してしまう。日本は湿潤なモンスーン地帯であるため、樹木の成長は冷涼で乾燥している朝鮮半島に比べて著しく速い。この樹木の復元力の強さは、のちの日本に豊かな鉄文化をもたらし、農業の生産力を飛躍させ、旺盛な商品経済を成立させた。これに対し、木の成長が遅く、鉄器が不足しがちな朝鮮半島は古代の高い能力を十分に反映した社会を近世までもちえなかった、というのである。なかなか慧眼である。確かに、日本の工具は、鑿にしても、鋸（のこぎり）や鉋にしても、また鍬や鎌などの農耕具にしても、大きさや形など、その種類が非常に多い。目的に合わせて使い分けているのである。

このようなきめ細かさが日本の優れた指物技術や農耕技術を生み出し、多彩な文化を育んできた。一方の朝鮮半島は隣に中国という大国を抱え、常にその影響下にさらされてきた。頑なまでに古（いにしえ）の文化を守り、生き抜いてきたとも考えられるが、そうさせた要因の一つに鉄の少なさがあったのかもしれない。

日本人が森林を使った生活を始めたのは縄文時代といわれている。火を燃やすために森林を伐採し、森で採れるキノコ、ドングリやトチの実などを食糧にしていた。また、伐採した後にはクリやウルシなどの木を植え、畑として利用していたことが遺跡などから確認されている。草地に火を入れて可食植物の再生を促す焼畑も縄文時代に始まった。

中世以降と森林の利用

日本の森林荒廃の第一期は六世紀末から九世紀半ばといわれている。飛鳥時代から繰り返された遷都による建築用木材の需要増加と水田開拓のため森林が開墾され、さらに、奈良、平安時代には、寺社仏閣の建築が増え、八五〇年までに畿内の森林の多くが失われたのである。

瀬戸内海では製塩の燃料として大量の木材が使われた。塩をとるために必要な薪の生産を目的とした山林は塩山と呼ばれ、製塩業の中心地、播磨国赤穂では油分が多く強い火力が得られるマツや松葉が多く用いられていた。さらに、中国山地では蹈鞴製鉄に大量の木材が使われ森林が伐採されていた。これに関しては第5章で述べたとおりである。

鎌倉時代に入り、武士が領地を治めるようになると、名主は自らの領地において治水・灌漑を整備し、農産物の増産を図り、鉱山開発や商工業を育成する一方で、近隣からの侵攻に対抗するための城郭の建設を進めた。その結果、社会は発展し人口も増加したが、木材の需要も増加し、森林が伐採されていった。

室町時代に入ると、奈良の吉野川上郡でスギの植林が開始されるなど、各地で本格的な人工造林が開始された。しかし、戦国時代に入ると、築城や戦乱後の復興に大量の木材が消費されていった。江戸時代に入っても、治水事業や灌漑を整備し農作物の増産を図るなど、積極的な国土開発が進められ、木材が消費された。一七一〇年までに、本州、四国、九州、北海道南部の森林のうち、当時の技術で伐採できるものの大半は消失したといわれている。日本の森林荒廃の第二期である。森林の消失は、木材供給の逼迫のみならず、河川の氾濫や台風被害などの厄災を各地にもたらした。

江戸時代中期になると、幕府と諸藩は河川の付け替えなどの治水事業と森林の保全に乗り出した。森林の保全は、禁伐林などを指定する保護林政策と植林、土砂留工事などを組み合わせて行われた。さらに、一七世紀後半以降、海岸での飛砂被害対策のため、海岸林の造成が行われた。江戸時代初期の急激な国土開発によって山地の森林が荒廃した結果、河川上流の土壌が流出して大量の土砂が沿岸流に乗って各地の砂浜海岸に到達し、それによって飛砂が発生したためである。海岸林には塩害に強いクロマツが植えられた。幕府の厳しい保護林政策と植林によって日本の森林資源は回復に転じた。

荒廃した日本の森林が壊滅せずに存続できたのは、雨の多い湿潤な気候による成長の早さ、人が立ち入れない急峻な奥山や聖域としての鎮守の森があったことも一因であるが、江戸幕府の積極的な植林事業によるところが大きかったといわれている。

しかし、明治時代に入ると、政治的混乱の中、官林の盗伐や民間林の乱伐が行われ、再び森林の荒廃が進んだ。また、近代産業の勃興により、燃料としての薪炭、開発に伴う建築材の需要が増え、森林の伐採が進んだ。明治時代中期は伐採技術や道具の発達もあって、過去と比べて最も山地・森林の荒廃が進んでいた時期といわれている。

このような状況下で明治政府は、一八八九年、保安林制度と営林監督制度を二本柱とする森林法を制定し、山の山腹工事と植林を各地で行った。その後、社会の安定とともに、国や民間による造林が盛んに行われ、森林は次第に回復していった。しかし、第二次世界大戦が始まると、再び大量の木材や木炭が必要になり、平地林は造船、建築、坑木・薪炭用材としてことごとく伐採され、奥山の国有林からも軍需造船用材として多くの大木が伐採された。

昭和二〇年から三〇年代には戦後の復興のため、木材需要が急増した。政府は、広葉樹からなる天然林の伐採跡地などを、商品価値が高く成長の早いスギやヒノキなど、針葉樹中心の人工林に置き換える拡大造林政策を実施した。広葉樹林のみならず、里山の雑木林や奥山の急峻な天然林までもが伐採され、植林による樹種の転換が行われた。

ところが、その後、林業への期待は一転する。外国産の木材輸入の自由化により、価格の高い国産材の需要が急減したのである。同時に家庭用燃料が薪炭から化石燃料に置き換わり、日本の森林資源は建材としても燃料としても需要がなくなり、林業は衰退していった。利用されずに放置された人工林は間伐などの手入れが行われず、森としての健全性が失われていった。手入れが行われなくなった単一樹林の人工林は天然林に比べて樹木が密集し、地面に光が届かなくなるため林床植物が育ちにくく、雨で土壌が流出しやすい。傾斜地などでは崩壊による自然災害が起きやすく、また、病害虫の被害も発生しやすいことから、混合林による土壌の回復、維持が望まれている。

終章

人が火を扱う能力と社会の発展は、人類の文明の歩みそのものである。人は火を使い、それを社会の中に取り込んだことで、火は社会の中で拡散し、専門化し、集中化されていった。それは、人々の生活を快適に、そして安全にした一方で、社会は巨大化、複雑化し、火を扱う人類の能力は増大したにもかかわらず、火は個人のもとから遠ざかり、それを扱う一人ひとりの能力は縮小し、社会に対する依存が強くなる傾向が現れた。

しかし、人は火を忘れたわけではない。火は私たちにとって、すべてを焼きつくす畏怖の対象であると同時に、心と身体に温もりと安らぎをもたらし、人と自然を、そして、人と人とを結びつけてくれる存在である。それは、世界各地の祭りや風習に残っており、私たちの身体の奥底に刻まれている遠い昔の記憶である。人が社会の中に取り込み扱ってきた文明の火とは異質の自然の火である。自然の火は神とも結びつき、人の心の支えとなり、また社会の規範を保ってきた。火は、文明の火と自然の火の二面性をもっている。

今や、人間社会は人口が増加し、地球の空間的、時間的な限界という壁に突き当たっている。加えて、環境問題が顕在化し、火の使用も排出権や炭素税など国際的な枠踏みによって制限されようとしている。現代の社会は、限界を超えても無理やり成長を続けようとする力と、持続可能な安定へと軟着陸しようとするせめぎ合いの中にある。

しかし、人は誰しも成長を望むのである。人は狩猟採集生活から定住生活を始め、農耕が生まれたときに、その日暮らしから未来のために今の時間を手段化し、犠牲にして努力する未来志向型に生き方を変え、今の経済成長型社会へと発展してきた。このような数千年の成長の流れを変えるのは容易ではない。

生物を生存に適した環境に放つと、ある時点から爆発的に増殖するが、環境の限界に近づくと減速し、安定した平衡状態に達する。しかし、これは生物がうまく適応できた場合である。限界に達した後も環境資源を食いつくし、衰退して滅亡した愚かな生物も少なくない。地球という有限の環境に生きる人類もこの関係からは逃れられない。

人類の歴史は今まさに環境の限界に近づき、安定した平衡状態に向かいつつある。私たちはそのことを直視し、私たち自身のためにも、地球の自然と生態系のためにも、成長する社会から、成長しない、高めた水準を安定させ持続させる社会に変えていくことが必要である。

では、成長しない社会とは、消費を我慢して節約に励む社会なのだろうか。私たちが成長しない社会に暗いイメージしかもてないのは、「成長が当然」という近代の価値観にとらわれすぎているからではないだろうか。その価値観とは、人が社会の中に取り込み扱ってきた文明の火によって育まれた価値観である。

火は文明であると同時に自然でもある。火は二面性をもっている。私たちは自然の火の温もりを忘れてはいない。単に、火を使いこなし、人の利便性のためだけに用いるのではなく、自然の火の記憶を呼び覚まし、それをよりよく活かすことができれば、もっとよく生きることができるはずである。生きる歓びは、必ずしも大量の自然破壊や、他者からの収奪を必要としない。禁欲ではなく、また、原始に帰るのでもない。自然と共生して生きる方法である。かつて縄文人が自然と共生する中で心豊かな文化を築いたように、感受性を開放し自然と向き合うことで、心豊かに生きることができるはずである。

紀元前六世紀から三世紀にかけて、古代ギリシアにおける最初の哲学をはじめ、仏教、儒教、ユダヤ教などの宗教が世界各地で相次いで出現した。この時代は貨幣経済による交易が盛んになり、巨大国家が出現し、都市化が進んだ時代である。これまで、集落の狭い有限の空間に生きていた人々が、無限の広がりをもった世界を初めて実感した。その衝撃に直面した人々が生きることのより普遍的な根拠を求め、哲学や世界宗教が生み出された。近代に至る文明の始動期である。

今、人類は、生きる世界が地球という有限の空間と時間に限られているという真実に再び直面している。この現実を直視し、人類の歴史の第二の曲がり角を乗り切るために、生きる価値観と社会システムを確立していくことが大切である。その仕事に、三〇〇年とはいかないまでも、一〇〇年はかかると思われる。山を登ってたどり着いた頂きの先には素晴らしい景色が広がることを期待したい。

あとがき

　私は高度経済成長とともに育った世代である。成長とともに世の中がどんどん豊かになり、周りにものが増えていった。同時に、公害の世代でもある。私の住んでいる横浜には昭和四〇年代、捺染（なっせん）の町工場がたくさんあった。そこから、染料の排水が川に流れ込み、川は着色し、異臭を放っていた。横浜の中心部を流れる大岡川もどぶ川だったし、海にはミズクラゲが大量に発生していた。それでも、科学技術と経済の発展は人々に豊かな暮らしをもたらしてくれると信じていたし、このまま発展し続けると思っていた。いずれ限界が訪れることなど考えもしなかった。ローマクラブが「成長の限界」を発表したのは高校卒業の年、日本の実質経済成長が戦後初めてマイナスになったのは大学生のときだった。

　会社に就職し廃棄物処理装置の開発に携わるようになり、ゴミ処理場で初めてゴミの山を見た。ゴミは毎日家から出していたが、ゴミコンテナに入れるとゴミのことは意識から消えていた。物があふれ豊かになった反面、毎日大量のゴミが処分されている社会の裏側に初めて気づいたのである。日本のゴミ焼却場の灰から猛毒のダイオキシン類が検出されたのもこの頃だ。科学技術や経済の発展は人々の暮らしを豊かにしてくれる反面、大量のゴミを出し、有害な物質を環境中に放出するなど、人々の健康や生活を脅かす存在となる危険性をもっていると考えるようになった。この頃から、文明の発達と環境破壊の歴史に興味をもつようになった。

また、私は家で炭火や薪火が使われていたのを知る最後の世代だと思う。小学校に入る頃まで、炊事には七輪が使われていた。小学校高学年まで風呂は薪で焚いていた。物置には薪や炭がたくさん置かれていたし、薪割や風呂の火の番をした記憶もある。切った爪を火にくべてはいけないなど、火の作法についても母から聞かされた。ゴミも小学校に入る頃までは家の庭先で燃やしていたように思う。それが中学校に入る頃までには家の火はすべてプロパンに置き換わっていった。

九年前、教職に転身し、宇部工業高等専門学校で環境工学を教えることになった。宇部は石炭がとれ、明治から昭和の時代、製鉄と重化学工業で栄えた都市である。同時に、「灰の降る町」と呼ばれ、公害のひどかった町でもあり、産官学民一体となった独自の方法で公害を克服した町でもある。人類の文明や科学技術の発展の歴史と環境破壊、公害の歴史について、また、地球の物質循環やエネルギーを使う仕組み、環境中に放出された物質の動態について、基礎的なことを講義した。このときに集めた資料をもとにまとめたものが『やさしい環境問題読本』(東京図書出版、二〇一五年)である。

火は文明の発達や環境破壊の歴史に興味をもつようになって以来のテーマである。テーマといっても毎日しゃかりきになって何十年も研究していたわけではない。書店に行ったときに、たまたま関連する本を見つけると読んでいた程度である。文明の歴史とは火の歴史でもある。私は当初、火をエネルギーという切り口でしか見ていなかった。しかし、火は製陶や金属の製錬に使われるだけでなく、採暖、照明、調理など、人の生活の中に浸透し、同時に、人の精神性にも深く関わっている。火に関する資料を読んでいると、自然そのような資料も目にするようになり、火と人とのかかわりの奥深さに引き込まれ、次第に、人を人とならしめた火の秘密を解き明かしたいと思うようになった。

今の職場に移り、環境について話をする機会がなくなってしまったが、家で火が焚かれていたのを知る世代として、また、長年、エネルギーと環境に関わってきた者として、火が人にもたらしてくれた恩恵と、それを使う側である人の身勝手な振る舞い、そして将来の人と火との関係について考える端緒になればと、再び筆を執った。人類の持続可能な発展が模索されているときに、少しでも多くの人に読んでいただき、これからの人間社会と地球の自然や生態系との関係について考えるきっかけにしていただきたいと思う。

本書の出版にあたって、築地書館の土井二郎氏、黒田智美氏には大変お世話になりました。ここにあらためて厚く御礼申し上げます。

参考文献

IEA　Energy Technology Perspectives 2012
朝倉敏夫編　火と食（食の文化フォーラム三〇）　ドメス出版　二〇一二
旭硝子財団　生存の条件――生命力溢れる太陽エネルギー社会へ　二〇一〇
石上堅　火の伝説　宝文館出版
石塚尊俊　鑪と鍛冶　岩崎美術社　一九七二
磯田浩　火と人間　法政大学出版局　二〇〇四
伊東俊太郎　近代科学の源流　中央公論新社　二〇〇七
犬丸敏康　調理の意味を人類の進化から再考する　日本作業文脈学雑誌　二（二）七－一二　二〇一四
岩淵文雄　ガス機関技術の系統化調査　技術の系統化調査報告　第一七集　八三－一八一　二〇一二
ＮＰＯ法人三内丸山縄文発信の会編　高田和徳監修　Ｔｈｅじょうもん検定　公式テキストＢｏｏｋ　二〇一一
ＦＡＯ　世界森林資源評価　二〇一〇
大塚信一　火の神話学――ロウソクから核の火まで　平凡社　二〇一一
海部陽介　人類がたどってきた道――〝文化の多様性〟の起源を探る　ＮＨＫ出版　二〇〇五
加藤邦興　化学の技術史　オーム社　一九八〇
狩野敏次　かまど（ものと人間の文化史一一七）　法政大学出版局　二〇〇四
川﨑惣一　「食べること」についての哲学的試論――人間と自然との関わりという観点から　宮城教育大学紀要　四八

八九－九九　二〇一三
環境省　気候変動に関する政府間パネル（ＩＰＣＣ）　第三作業部会　再生可能エネルギー源と気候変動緩和に関する特別報告書　最終版（仮訳）　二〇一一
環境省　平成二二年度再生可能エネルギー導入ポテンシャル調査報告書　二〇一一
環境省　気候変動に関する政府間パネル（ＩＰＣＣ）　第五次評価報告書　第一作業部会報告書　二〇一三
環境省　気候変動に関する政府間パネル（ＩＰＣＣ）　第五次評価報告書　第三作業部会報告書　二〇一四
環境省　環境・循環型社会・生物多様性白書　平成二六年版　二〇一四
気象庁ＨＰ「世界の平均気温」　http://www.data.jma.go.jp/cpdinfo/temp/an-wld.html（二〇一七年一月参照）
気象庁ＨＰ「地球温暖化の基礎知識」　http://ds.data.jma.go.jp/ghg/kanshi/tour/tour_a1.html（二〇一七年一月参照）
草野巧　図解錬金術　新紀元社　二〇〇六
ＫＢＩ出版編　火――火の生活文化史・火の博物館　ＫＢＩ出版　一九九四
窪田蔵郎　改訂鉄の考古学　雄山閣出版　一九八七
原子力安全研究グループ　原子力の歴史を振り返って――幻の原子力平和利用　公害研究　一〇（三）　一一－二〇　一九八一
国会図書館調査及び立法考査局　持続可能な社会の構築　総合報告書　二〇一〇
佐々木稔　古代西アジアにおける初期の金属製錬法　西アジア考古学　五　一－一〇　二〇〇四
The World Bank　GNI Atlas, 2014.
資源エネルギー庁　平成二五年度版エネルギーに関する年次報告　二〇一四
システム研究所　脱炭素社会に向けたエネルギーシナリオ提案　二〇一三　ＷＷＦジャパン
司馬遼太郎　街道をゆく七　甲賀と伊賀のみち、砂鉄のみちほか　朝日新聞出版　二〇〇八
住斉　宇津巻竜也　伊藤繁　石浦正寛　針原伸二　日本各地の縄文系対弥生系人口比率と日本人成立過程　日本物理学会誌　六四（一二）　九〇一－九〇九（二〇〇九）

生物多様性条約事務局編　香坂玲日本語版監修　環境省制作　地球規模生物多様性概況第三版　UNEP　二〇一〇
関清　東アジアにおける日本列島の鉄生産　日文研叢書　四二　三一一－三二六　二〇〇八
高橋武雄　化学工業史　産業図書　一九七三
高橋典子　灯火具　国際常民文化研究叢書六　一九一－一九六　二〇一四
田中紀夫　エネルギー文明史――その一　石油・天然ガスレビュー　五三－七八　二〇〇三
田中紀夫　エネルギー文明史――その二　エネルギーを巡る文明の興亡　石油・天然ガスレビュー　一八六－二一二
　二〇〇四
田中紀夫　エネルギー文明史――その三　三大エネルギー革命と自然環境の変貌　石油・天然ガスレビュー　八三－九
　六　二〇〇四
田中紀夫　エネルギー文明史――その三　三大エネルギー革命と自然環境の変貌（二）　石油・天然ガスレビュー　四
　三－五一　二〇〇四
勅使河原彰　ビジュアル版　縄文時代ガイドブック　新泉社　二〇一三
東京書籍編集部　ビジュアルワイド　図説世界史　東京書籍　一九九七
中尾佐助　栽培植物と農耕の起源　岩波書店　一九六六
中尾佐助　料理の起源　NHK出版　一九七二
中山秀太郎　技術史入門　オーム社　一九七九
娜仁格日勒　現代モンゴル民俗における火の機能及び文化事象――日本との共通性から　比較民俗研究　二四　二二九
　－二三七　二〇一〇
西野順也　やさしい環境問題読本――地球の環境についてまず知ってほしいこと　東京図書出版　二〇一五
ニュート，アイリック　猪苗代英徳訳　世界のたね――真理を追いもとめる科学の物語　NHK出版　一九九九
ハウツブロム，ヨハン　大平章訳　火と文明化　法政大学出版局　一九九九
パシュラール，ガストン　前田耕作訳　火の精神分析　改訳版　せりか書房　一九九九

馬場悠男編　人間性の進化　別冊日経サイエンス　日経サイエンス社　二〇〇五
林屋辰三郎編　民衆生活の日本史 火　思文閣出版　一九九六
BP, BP Energy Outlook 2035, 2014.
福島邦夫　社会変動と生活環境の変容——応用民俗学の試み　長崎大学教養部創立三〇周年記念論文集　一五七－一七二　一九九五
藤本強　ごはんとパンの考古学（市民の考古学一）　同成社　二〇〇七
フェイガン，ブライアン　東郷えりか訳　古代文明と気候大変動　河出書房新社　二〇〇八
フレーザー・J・G　青江舜二郎訳　火の起原の神話　角川書店　一九八九
Boys, A. F. F. 日本における農業とエネルギー——二一世紀の食糧事情を考える　茨城キリスト教大学短期大学部研究紀要四〇　二九－一三二　二〇〇〇
松浦和也　アリストテレス『自然学』第三巻第五章の物体概念　Studia Classica, 三　九一－九九　二〇一二
松本秀雄　日本人は何処から来たか——血液型遺伝子から解く　ＮＨＫ出版　一九九二
宮崎正勝　モノの世界史——刻み込まれた人類の歩み　原書房　二〇〇二
宮崎玲子　伝統から見た世界の台所（二）火を使う　kenchikushi, 五　二六－三一　二〇〇七
宮崎玲子　伝統から見た世界の台所（三）火を使う・その二　kenchikushi, 六　三四－三九　二〇〇七
宮崎玲子　オールカラー世界台所博物館　柏書房　二〇〇九
富塚清　動力の歴史　三樹書房　二〇〇二
宮本馨太郎　灯火——その種類と変遷　朝文社　一九九四
文部科学省　経済産業省　気象庁　環境省仮訳　ＩＰＰＣ第四次評価報告書　統合報告書　政策決定者向け要約（仮訳）二〇〇七年一一月三〇日
文部科学省　気象庁　環境省　日本の気候変動とその影響（二〇一二年度版）二〇一三
矢口克也　「持続可能な発展」理念の論点と持続可能性指標　国立国会図書館調査及び立法考査局　レファレンス　一

一二七　二〇一〇
安田徳太郎　火と性の祭典（人間の歴史六）　光文社　一九五七
柳田国男　火の昔　角川書店　二〇一三
ライト，ローレンス　別宮貞徳・曽根悦子・菅原英子・柿澤淳之介訳　暖房の文化史――火を手なづける知恵と工夫　八坂書房　二〇〇三
ランガム，リチャード　依田卓巳訳　火の賜物――ヒトは料理で進化した　NTT出版　二〇一〇
ロイド，クリストファー　野中香方子訳　一三七億年の物語――宇宙が始まってから今日までの全歴史　文藝春秋　二〇一二
RSBS　サステナビリティの科学的基礎に関する調査報告書　二〇〇六

【ヤ行】

【ラ行】

【ワ行】

【マ行】

【ナ行】

【ハ行】

【タ行】

【サ行】

索引

著者紹介
西野順也（にしの・じゅんや）
1954年宮城県生まれ。
東北大学工学部工学研究科応用化学科博士課程後期修了。工学博士。
石川島播磨重工業（株）（現在（株）IHI）に勤務後、宇部工業高等専門学校物質工学科教授を経て、現在、帝京平成大学健康メディカル学部医療科学科教授。専門は環境化学、環境プロセス工学。
著書に『やさしい環境問題読本——地球の環境についてまず知ってほしいこと』（東京図書出版、2015年）がある。

火の科学　エネルギー・神・鉄から錬金術まで

2017年3月3日　初版発行

著者　西野順也
発行者　土井二郎
発行所　築地書館株式会社
東京都中央区築地7-4-4-201　〒104-0045
TEL 03-3542-3731　FAX 03-3541-5799
http://www.tsukiji-shokan.co.jp/
振替 00110-5-19057
印刷・製本　中央精版印刷株式会社
装丁　吉野愛
© Nishino, Junya, 2017 Printed in Japan　ISBN978-4-8067-1534-4
・本書の複写、複製、上映、譲渡、公衆送信（送信可能化を含む）の各権利は築地書館株式会社が管理の委託を受けています。
・JCOPY〈(社) 出版者著作権管理機構 委託出版物〉
本書の無断複製は著作権法上での例外を除き禁じられています。複製される場合は、そのつど事前に、(社)出版者著作権管理機構（電話 03-3513-6969、FAX 03-3513-6979、e-mail: info@jcopy.or.jp）の許諾を得てください。